知识生产的原创基地
BASE FOR ORIGINAL CREATIVE CONTENT

Basic Core Python Programming

A Complete Reference Book to Master Python with Practical Applications

Python 核心编程

从入门到实践

（学与练）

[印] 米努·科利 / 著　江红　余青松　余靖 / 译

北京理工大学出版社
BEIJING INSTITUTE OF TECHNOLOGY PRESS

图书在版编目（CIP）数据

Python 核心编程：从入门到实践：学与练／（印）米努·科利著；江红，余青松，余靖译. -- 北京：北京理工大学出版社，2023.4

书名原文：Basic Core Python Programming：A Complete Reference Book to Master Python with Practical Applications

ISBN 978-7-5763-2225-5

Ⅰ. ①P… Ⅱ. ①米… ②江… ③余… ④余… Ⅲ. ①软件工具-程序设计 Ⅳ. ①TP311.561

中国国家版本馆 CIP 数据核字(2023)第 056058 号

北京市版权局著作权合同登记号　图字:01-2023-1319 号

Title：Basic Core Python Programming，by Meenu Kohli

出版发行／北京理工大学出版社有限责任公司
社　　址／北京市海淀区中关村南大街 5 号
邮　　编／100081
电　　话／（010）68914775（总编室）
　　　　　（010）82562903（教材售后服务热线）
　　　　　（010）68944723（其他图书服务热线）
网　　址／http：//www.bitpress.com.cn
经　　销／全国各地新华书店
印　　刷／文畅阁印刷有限公司
开　　本／787 毫米×1092 毫米　1/16
印　　张／19
字　　数／425 千字
版　　次／2023 年 4 月第 1 版　2023 年 4 月第 1 次印刷
定　　价／99.00 元

责任编辑／钟　博
文案编辑／钟　博
责任校对／刘亚男
责任印制／施胜娟

图书出现印装质量问题，请拨打售后服务热线，本社负责调换

译者序
Forward

在科学计算和大数据时代，程序设计语言已经成为很多专业学生的必修课。Python 程序设计语言具有简单易学、应用范围广泛等特点，已经成为学习程序设计语言的首选。

市面上有许多关于 Python 程序设计的优秀教程，它们各有各的侧重点，各有各的特色。《Python 核心编程：从入门到实践（学与练）》是面向初学者的基础程序设计教程。

本书采用通俗易懂的方式，系统地阐述了 Python 程序设计语言的核心基本概念。本书关注 Python 程序设计基础的细节，通过大量的范例和习题，帮助读者牢固地掌握 Python 程序设计语言的基本概念和应用示例，为读者参加各种考试或者面试打好基础。

本书主要阐述 Python 程序设计的核心基础。

第 1 章和第 2 章阐述了程序设计语言的基本概念、Python 程序设计语言的发展历史和特点、Python 程序的开发环境。学习这部分内容后，读者可以全面掌握程序设计语言的基础知识，并着手编写和运行基本的 Python 程序。

第 3 ~ 第 7 章详细地阐述了 Python 程序设计语言的数据类型（包括数值、字符串、列表、元组、字典、集合）及其运算操作。学习这部分内容后，读者可以全面系统地掌握利用 Python 数据类型编写解决各种问题的程序的方法。

第 8 章阐述了 Python 程序设计的流程控制，包括选择结构和循环结构。通过学习本章内容，读者可以利用 Python 程序流程结构，编写解决实际问题的较为复杂的应用程序。

本书由华东师范大学江红、余青松和余靖共同翻译。衷心感谢北京颉腾文化传媒有限公司以及鲁秀敏老师，他们积极帮助我们筹划翻译事宜并认真审阅翻译稿件。翻译也是一种再创造，同样需要艰辛的付出，感谢朋友、家人以及同事的理解和支持。感谢我们的研究生刘映君、余嘉昊、刘康、钟善毫、方宇雄、唐文芳、许柯嘉等对本译稿的认真通读指正。在本书翻译的过程中我们力求忠于原著，但由于时间和译者的学识有限，且本书涉及各个领域的专业知识，故书中的不足之处在所难免，敬请诸位同行、专家和读者指正。

江红　余青松　余靖

2023 年 2 月

前言
Preface

当读者决定学习程序设计语言时，选择正确的方式开始学习至关重要。第一步非常重要，因为第一步决定了读者对程序设计主题的掌握程度。本书关注 Python 程序设计基础的细节，并已尽力涵盖了程序设计主题的每一个细节，这样读者就不会有任何未决的疑问。

Python 是一种非常简单的程序设计语言，建议读者系统地学习。正确的学习方法是成功的关键。了解程序设计语言的主要特性和基本概念非常重要。本书涵盖了有关 Python 程序设计中几乎所有的基本概念，相信每一位读者（无论学生还是职业人士）都会从本书提供的信息中受益匪浅。

本书采用通俗易懂的语言进行编写。因此，即使是初学者也能轻松地理解程序设计的概念。本书不仅提供了许多示例代码供读者练习，还提供了一个详细的题库，为读者参加各种考试或者面试做准备。

本书包含以下 8 章内容。

第 1 章介绍了 Python 语言的发展历史和特性，以及 Python 成为一种流行的程序设计语言的原因。

第 2 章介绍了 Python 程序设计的基本结构、编码环境以及程序设计时必须遵循的规则和建议。

第 3 章介绍了使用 Python 中的数据类型和运算符的方法，以及一些可以用于 Python 程序设计的非常重要的内置函数。

第 4 章介绍了 Python 中最重要的数据类型之一——字符串。在本章中，读者将详细学习字符串操作的每一个细节。

第 5 章介绍了列表的基本概念，以及使用列表的方法，还介绍了数组。

第 6 章介绍了元组和字典与其他数据类型的区别，以及何时使用元组和字典。

第 7 章介绍了如何使用集合和不可变集合。

第 8 章介绍了如何使用 if、if...else 和嵌套的 if...else 语句，以及 for 循环、while 循环和生成器。

目录
Contents

第1章 导论

第 2 章 Python 基础

第3章 数值、运算符和内置函数

第 4 章 字符串

第 6 章 元组和字典

第 7 章 集合和不可变集合

第8章 Python程序流程控制

第 1 章 导论

我们准备开启 Python 学习之旅，但在开始学习之前，必须先了解不同类型的程序设计语言、Python 程序设计语言的发展历史、Python 与其他程序设计语言的区别等。本章是 Python 程序设计的导论。

本章组织结构

- 程序设计语言概述
  - 高级程序设计语言
  - 低级程序设计语言，包括机器语言和汇编语言
- 程序设计语言处理器
  - 汇编器
  - 编译器
  - 解释器
- 程序设计语言的发展历程
- 程序设计范式
- Python 程序设计语言的发展历史
- Python 程序设计语言的主要特性
- Python 程序设计语言的未来前景
- 通过 5 个简单的步骤安装 Python
- Python 程序设计语言的内存管理
- Python 程序设计语言与 Java 程序设计语言的比较

本章学习目标

阅读本章后，读者将掌握以下知识点。

- 低级程序设计语言和高级程序设计语言的差异。
- 不同类型程序设计语言处理器的差异。
- 程序设计语言的发展历程。
- Python 程序设计语言的发展历史。

- Python 程序设计语言的主要特性。
- Python 程序设计语言的未来前景。
- 如何在计算机上安装 Python。
- Python 程序设计语言的内存管理。
- Python 程序设计语言和 Java 程序设计语言的差异。

程序设计语言由一组规则组成，这些规则指导用户如何将命令、符号和语法有机地组合在一起，以编写计算机可以执行的代码，这些代码用于执行特定的任务。使用程序设计语言创建的程序向计算机传达执行特定的任务需要执行的操作或者必须执行的指令。

1.1 程序设计语言概述

程序设计语言可以分为如下两种基本类型，如图 1-1 所示。

(1) 高级程序设计语言（High-Level Language，HLL）。

(2) 低级程序设计语言（Low-Level Language，LLL）。

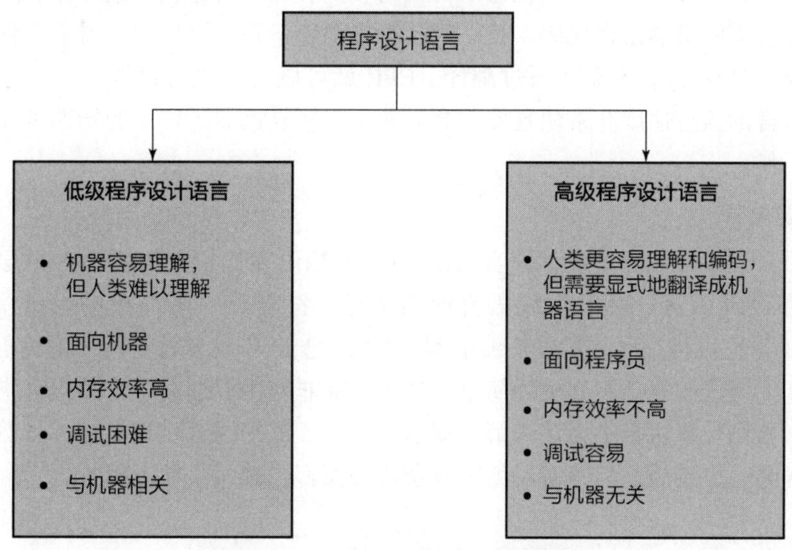

图 1-1 程序设计语言的基本类型

1.1.1 高级程序设计语言

对于用户而言，使用高级程序设计语言（如 C、C++、Java、Python 等）编写程序是一件非常容易的事情。从逻辑上讲，高级程序设计语言与我们通常的说话方式非常接近。在 Java、Python 或者任何其他高级程序设计语言中使用的英语指令，与我们用于日常会话的英语非常接近。编码人员很容易理解高级程序设计语言中包含的英语单词和数学符号。但是，计算机硬件只能理解使用 0 和 1 编码表示的语言，因此，必须将用高级程序设计语言所编写的程序代码转换为计算机可以理解的格式，即程序代码在被计算机执行之前，必须经过编译或者解释的过程。高级程序设计语言是可移植的，这意味着相同的代码可以在不同类型的计算机上运行。

1.1.2 低级程序设计语言

低级程序设计语言可以很容易地被计算机解释和理解。计算机可以很容易地理解低级程序设计语言中的基本指令。对于正常的人类大脑来说，理解这种程序设计语言可能是一项困难的任务。为特定的计算机硬件或者体系结构编写程序需要使用低级程序设计语言。为了使用低级程序设计语言，必须全面地了解系统硬件及其配置。低级程序设计语言包括两种类型：机器语言、汇编语言。

机器语言和汇编语言都是特定于硬件的程序设计语言，并且不可移植。

1. 机器语言

机器语言是采用二进制（0 和 1）编码的程序设计语言。计算机可以直接理解机器语言，不需要进一步的翻译。机器语言是最低层级的计算机程序设计语言。机器语言中的所有指令都采用二进制进行编码，因此 1100011100101000011 可以是一条计算机指令。软件程序员一般不需要阅读机器语言代码。只有那些构建软件编译器和操作系统的专业人员才会审阅机器语言代码。第一代计算机中用于程序设计的机器语言称为第一代程序设计语言（1GL）。不需要通过翻译，CPU 就可以直接执行机器语言程序指令。因此，机器语言的执行速度非常快且效率高。然而，修复机器语言中的错误可能是一项非常乏味的工作。

2. 汇编语言

汇编语言是第二代程序设计语言（2GL）。汇编语言比机器语言高一个层级，更接近高级程序设计语言。由于汇编语言使用字母、符号和一些简单的术语（如 ADD、MOV、SUB 等）进行编码，所以汇编语言在 20 世纪 50 年代开始流行。汇编语言比使用一串由 0 和 1 组成的复杂序列更为简单。然而，除非使用汇编器将汇编语言指令转换为机器语言，否则计算机根本无法理解汇编语言指令。汇编语言相当复杂，虽然汇编语言比机器语言高一个层级，但是对于编写复杂代码而言，其效果并不理想。

1.2 程序设计语言处理器

我们都知道计算机不能直接处理程序设计语言和指令。需要使用一种工具将程序代码转换或者翻译成机器语言。用于将程序设计语言（高级程序设计语言或者汇编语言）转换为机器码的工具，称为程序设计语言处理器或者程序设计语言翻译器。这些程序设计语言处理器将程序代码转换为二进制代码，并在代码出现错误时通知程序员。程序设计语言处理器包含三种类型：汇编器、编译器、解释器，如图 1－2 所示。

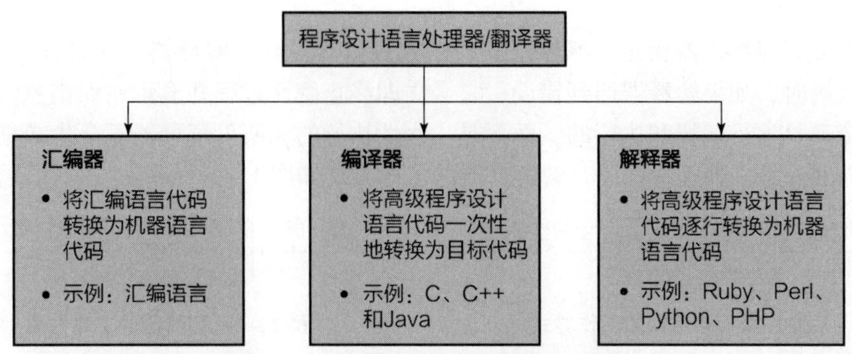

图 1－2 程序设计语言处理器的类型①

虽然汇编语言依赖于机器，但汇编语言也有自己的指令，对程序员而言比对机器更友好。就像高级程序设计语言一样，汇编语言也需要将指令转换为机器语言。使用高级程序设计语言编写的程序称为源代码。转换成机器语言后的源代码称为目标代码。

1.2.1 汇编器

如果程序的源代码是使用汇编语言编写的，则需要使用汇编器将源代码转换为二进制形式的目标代码。一旦将源代码转换成目标代码，计算机就可以轻松地理解指令和执行指令。汇编器的工作方式如图 1－3 所示。

图 1－3 汇编器的工作方式

1.2.2 编译器

编译器读取整个源代码并一次性将其翻译成机器码。如果编译器在翻译过程中发现代码的错误（如错误的语法、字符、命令组合或者命令序列等），就会告知程序员。编译器将显示源代码中的所有错误以及这些错误在源代码中所处的位置。源代码即使只有一个错误，也无法通过编译过程。

在修复好源代码中的错误后，必须再次编译源代码以生成目标代码。在翻译源代码时，编译器可能创建一个介于高级程序设计语言和机器语言之间的中间目标代码或者字节码。在这种情况下，需要解释器将中间目标代码转换为机器码。

Java 程序员使用 javac 命令编译 Java 源代码。javac 命令生成字节码或者中间目标代码。可以使用 Java 虚拟机（JVM）将中间目标代码转换成机器码，然后，CPU 从机器码中读取指令并逐一执行。编译器的工作方式如图 1－4 所示。

---

① 译者注：原书图 1－2 中有 3 处错误，汇编器、编译器和解释器各自的示例都错位了。此处进行了订正。

1.2.3 解释器

与汇编器或编译器相比，解释器的工作方式截然不同。解释器一次翻译一行代码。在执行代码时，如果解释器遇到错误，它会立即终止翻译过程并显示错误消息。由于所有的指令都是逐行解释和执行的，而不是一次性执行的，所以解释器不会生成任何目标代码。Python 是一种解释型语言。解释器的工作方式如图 1－5 所示。

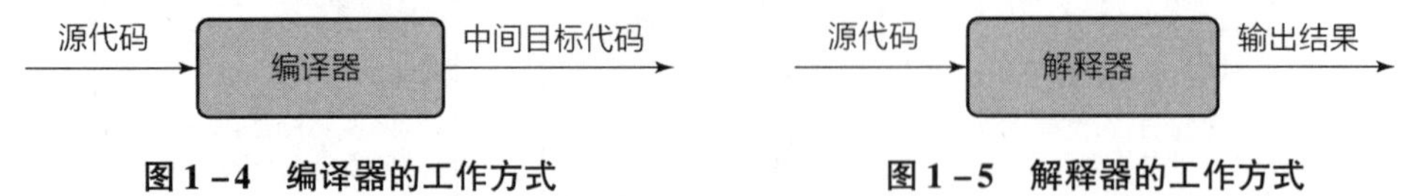

图 1－4 编译器的工作方式　　图 1－5 解释器的工作方式

1.3 程序设计语言的发展历程

从机器语言到高级程序设计语言，程序设计语言在过去的几十年中走过了漫长的道路。然而，这种发展历程是分阶段进行的，每个阶段都引入了一些新的特性，使程序设计比前一阶段更容易。程序设计语言可以分为五代，如表 1－1 所示。

表 1－1 程序设计语言的发展历程

第一代程序设计语言	第二代程序设计语言	第三代程序设计语言	第四代程序设计语言	第五代程序设计语言
1GL	2GL	3GL	4GL	5GL
低级程序设计语言	低级程序设计语言	高级程序设计语言	超高级程序设计语言	人工智能和神经网络
指令采用二进制代码形式	指令采用助记符形式	独立于机器且对程序员友好	将程序设计语言分组，比 3GL 更接近人类自然语言	不需要程序员
由计算机直接执行	需要汇编器将源代码转换为二进制代码	需要编译器或者解释器	需要编译器或者解释器	需要编译器或者解释器
不可移植	不可移植	可移植	可移植	可移植
执行速度快	执行速度快	执行速度慢	执行速度慢	执行速度慢

1.4 程序设计范式

任何一件事情都有与之相关的历史演变过程。如果回顾一下计算机科学的发展历史，我们会发现，从计算机程序设计奠基以来，程序员就一直在不断地努力创造各种各样的程序设计方法或者风格，我们称之为程序设计范式。因此，程序设计范式更像一个思想流派，它提供了一个用来实现程序设计语言的框架或者方法。程序设计范式如图1-6所示。

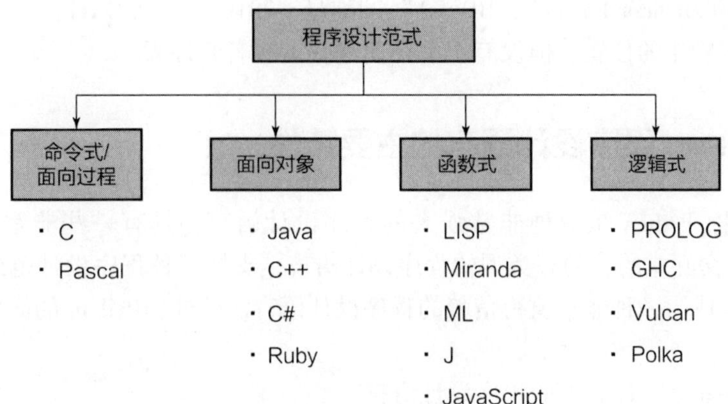

图1-6 程序设计范式

程序设计范式和程序设计语言之间存在巨大差异。程序设计范式只是程序设计的一种方式，而程序设计语言具有一组良好定义的词汇、规则和指令，用户必须正确地遵循这些词汇、规则和指令才能使计算机执行特定的任务。目前总共有27种程序设计范式，其中4种主要的程序设计范式如下。

(1) 命令式/面向过程的程序设计范式。命令式/面向过程的程序设计范式使用一系列语句，随着每个语句的执行，程序的状态会随之改变。

(2) 面向对象的程序设计范式。在面向对象的程序设计范式中，一切都被建模为对象。所有的数据和函数都被限定为一个称为类的实体。面向对象的类遵循模块化方法，用户可以轻松地调试和修改这些类。面向对象的程序设计语言包括以下的重要特征：数据抽象、封装、继承、多态性。

(3) 函数式程序设计范式。在函数式程序设计范式中，计算机函数编写为数学函数的形式。函数式程序设计范式适用于多核、多线程的运行环境。函数式程序设计范式旨在通过“想解决什么问题”的方式来解决问题，而不是通过“想如何解决”的方式来解决问题。不变性是函数式程序设计范式的主要特征，函数式程序设计范式不鼓励状态变化和可变数据。

(4) 逻辑式程序设计范式。逻辑式程序设计范式是基于形式化逻辑的，当该范式使用正确或者错误的陈述语句时，可以实现快速开发。

1.5 Python程序设计语言的发展历史

Python程序设计语言的前身是ABC语言。Python的概念是在20世纪80年代末构思出来的，并在20世纪90年代初实现。Python是由Guido Van Rossum设计并由Python软件基金会开发的程序设计语言。开发Python的主要目标是开发一种强调代码可读性的程序设计语言，这种程序设计语言的语法允许程序员使用更少的代码行来编写程序。

Python 的主要作者 Van Rossum 以著名的 BBC 电视节目“Monty Python's Flying Circus（巨蟒剧团之飞翔的马戏团）”命名了这种语言。Python 社区授予他“终身仁慈独裁者（Benevolent Dictator For Life，BDFL）”的称号。2018 年 7 月 12 日，Van Rossum 辞去了 Python 语言霸主的位置，但没有留下任何继任者或者管理者。

1.6 Python 程序设计语言的主要特性

毫无疑问，Python 是一种非常强大的程序设计语言，具有一些非常重要的特性。Python 是一种交互式的、动态类型的程序设计语言，支持多种程序设计范式。所有这些特性使 Python 成为一种非常值得信赖的程序设计语言。此外，Python 的简单性使其非常易于使用。

（1）Python 是一种简单的程序设计语言。

- Python 使用非常简单的英语短语。
- 与 C、C ++ 、Java 等程序设计语言相比，Python 更易于使用。
- Python 遵循非常简单的语法结构。
- Python 不需要显式地声明变量。
- Python 可以在一条语句中定义多个复杂的操作。
- Python 使用缩进格式进行语句分组，而不是使用开始括号和结束括号。
- 使用 Python 编码时遵循的语法和程序设计结构非常简单。
- Python 非常易于学习和掌握。

（2）Python 是一种通用的、灵活的程序设计语言。

- Python 是一种既灵活又通用的程序设计语言，因为它可用于多种用途。
- NumPy、Matplotlib、Pandas 等软件包使 Python 成为数据分析、Web 开发、人工智能、数据科学等诸多应用领域的完美程序设计语言。
- 目前，Python 被广泛应用于应用程序开发和系统开发。
- Python 也是一种非常适合开发复杂多协议网络应用程序的程序设计语言。

（3）Python 是一种解释型程序设计语言。

- Python 代码不需要显式编译。
- Python 源代码被转换为称为字节码的中间目标代码。
- 字节码被转换成计算机可以理解和执行的机器码。

（4）Python 可以轻松调试。Python 源代码是被逐行执行的，这使调试 Python 程序更加容易。

（5）Python 是一款免费的开源软件。

- 用户可以从官方网站免费下载 Python 安装程序。
- 用户可以在系统上免费安装 Python。
- Python 是免费使用和分发的，任何人都可以为 Python 做出自己的贡献。
- 用户可以免费将 Python 用于商业目的，因为 Python 是一种基于 OSI 标准的开放源码许可证所开发的程序设计语言。

- Python 是免费、自由和开源软件（Free Libre And Open Source Software，FLOSS）的一个例子。
- Python 的许可是由 Python 软件基金会管理的。

（6）Python 的交互模式方便可靠。

- Python 的交互模式是 Python 提示符，允许用户直接与解释器交互。
- Python 允许用户在完成代码之前测试代码，这大大有助于减少编码时的错误。

（7）Python 是一种高级程序设计语言。

- Python 是一种对程序员非常友好的程序设计语言，因此需要解释器将 Python 代码翻译成机器语言。
- Python 程序员只需关注逻辑，而无须关注低级别处理器的相关操作。

（8）Python 是可移植的程序设计语言。Python 代码可以在任何平台上执行，无须对代码进行任何更改。不需要对软件做初始设置就可以执行 Python 程序。

（9）Python 与平台无关。使用 Python 程序设计语言编写的软件可以在不同的操作环境中运行。这就意味着可以在诸如 UNIX 的操作系统中创建 Python 程序，然后在装有 Python 的 Windows 系统中执行这个 Python 程序。

（10）Python 支持多种程序设计范式。Python 程序设计语言支持多种程序设计范式，如命令式/面向过程的程序设计范式、面向对象的程序设计范式、函数式程序设计范式以及逻辑式程序设计范式。

（11）Python 是对用户非常友好的程序设计语言。

- 高级数据结构和免费标准库等特性使 Python 对用户非常友好。
- 用户可以将 Python 代码分为多个模块。这些模块还可以用于其他应用，从而为用户节省大量的工作和时间。

（12）Python 是一种动态类型的程序设计语言。

- Python 之所以被称为动态类型的程序设计语言，是因为在 Python 代码中，程序员不需要为其使用的任何变量声明数据类型。
- 当将值存储在变量中时，将动态地分配变量的数据类型。

（13）Python 是一种可扩展的程序设计语言。

- 可以通过各种方式或者机制来扩展程序设计语言。
- 在 Python 代码中允许使用其他程序设计语言。
- 用户可以将 Python 与其他程序设计语言所编写的库进行交互。使用扩展模块的优越性在于，当执行代码时，这些模块以编译代码的速度而不是解释代码的速度执行，此功能使程序开发的速度更快、效率更高。

（14）Python 具有海量的库资源。

- Python 拥有大量的库资源。通过其庞大的标准库，Python 提供了一套非常丰富的功能。
- 这些库函数与各种操作系统（如 Windows、Macintosh、UNIX 等）兼容。

（15）Python 是一种可嵌入的程序设计语言。Python 代码可以嵌入使用 C、C++等程序设计语言所编写的程序，从而大大提高代码的质量。

（16）Python 代码易于维护。Python 代码非常容易维护，因为其语法清晰明了，易于阅读，并且与 C++和 Java 相比，可以使用较少的代码行实现更多的功能。

（17）Python 是一种健壮的程序设计语言。

- Python 可以在多行代码中完成更多的工作。
- Python 代码不容易出错。
- Python 代码易于调试和维护。

（18）扩展和嵌入之间有差异。

- 在将 Python 代码嵌入以其他程序设计语言（如 C 或者 C++等）编写的程序时，用户将在代码中插入调用来初始化 Python 解释器，以便执行嵌入应用程序的 Python 代码。
- 在使用 Python 编写的代码中，如果需要将其他程序设计语言编写的代码包含到 Python 代码中以扩展 Python 的功能，则首先需要确保用其他程序设计语言编写的代码已经被编译到与 Python 解释器兼容的共享库中，然后，解释器可以将其作为 import 语句的一部分进行加载。

（19）可进行数据库连接。Python 支持各种应用程序中常用的所有主要数据库。

（20）可自动回收垃圾。

- 由于内存的高效使用，垃圾回收功能可以提供出色的性能管理。
- 程序员不必担心内存泄漏，因为不再需要的任何对象都会超出作用范围，并通过垃圾回收功能进行删除。

1.7 Python 程序设计语言的未来前景

到目前为止，读者已经了解了许多关于 Python 程序设计语言的重要特性。使用 Python 具有以下几个主要的优点。

（1）使用 Python 具有成本效益，因为它是免费的。

（2）Python 是一种可以同时用于前端开发项目和后端开发项目的优秀程序设计语言。

- Python 与平台无关，它以相同的方式在所有操作环境中工作。
- Python 提供强大的社区支持，这意味着如果用户在编写代码时遇到问题，可以联系社区寻求帮助。
- 用 Python 编写的代码非常简洁。
- Python 为数据科学、人工智能和机器学习等具有光明前景的技术提供强大支持。

以上所有这些特性使 Python 成为一种非常流行的程序设计语言。当今企业界最好的公司都在使用 Python 进行软件开发。

在应用程序中使用 Python 的一些知名企业和机构包括 YouTube、Quora、雅虎（Yahoo）、Reddit、谷歌（Google）、优步（Uber）、IBM、Spotify、美国航空航天局（NASA）等。

1.8 通过5个简单的步骤安装Python

用户可以按照以下步骤在自己的系统中安装Python。

步骤1：请到Python官方网站（https://www.python.org/）下载Python安装程序，如图1-7所示。

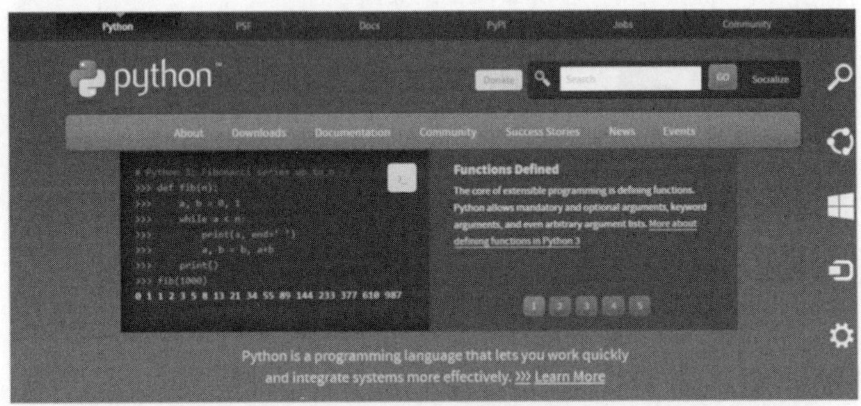

图1-7 Python官方网站

步骤2：单击Python官方网站上的"Downloads"超链接，如图1-8所示。

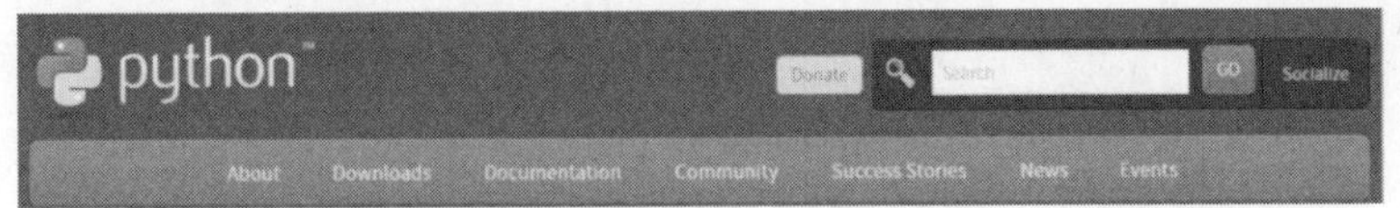

图1-8 Python官方网站上的"Downloads"下载选项

步骤3：下载Python的最新版本。在本教程中，我们将安装Python 3.8.1 For Windows的最新版本。单击下载超链接，如图1-9所示。

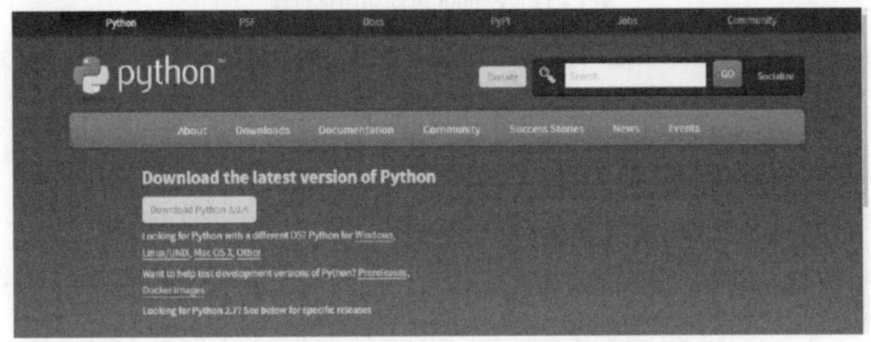

图1-9 从Python官方网站上下载Python的最新版本

步骤4：当下载完成后，单击下载成功的可执行文件"python-3.8.1.exe"，该文件将显示在网页（Google Chrome）的左下角，如图1-10所示。当然用户也可以在自己计算机系统的下载文件夹中找到该安装文件。

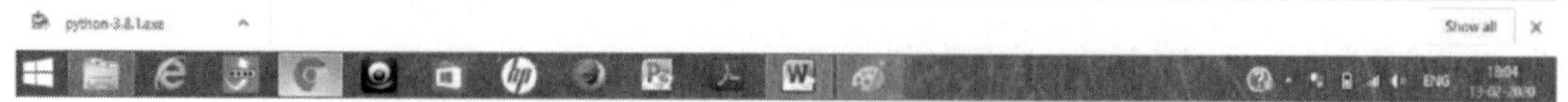

图 1－10　下载成功的 Python 可执行文件“python－3. 8. 1. exe”

步骤 5：随后将打开如图 1－11 所示的窗口。

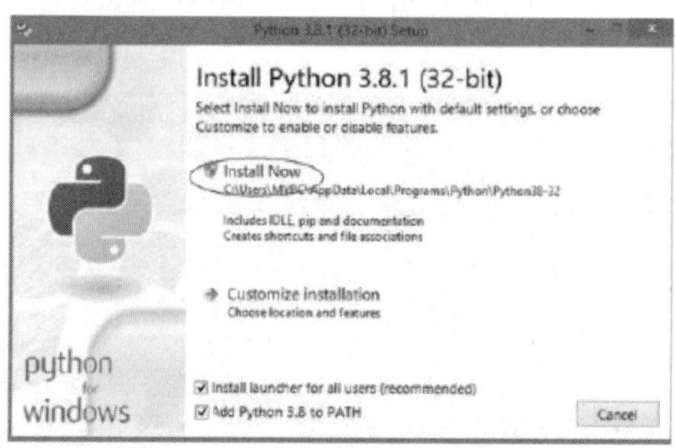

图 1－11　Python 安装设置

单击图中的“Install Now”超链接。这将启动初始化过程，如图 1－12 所示。

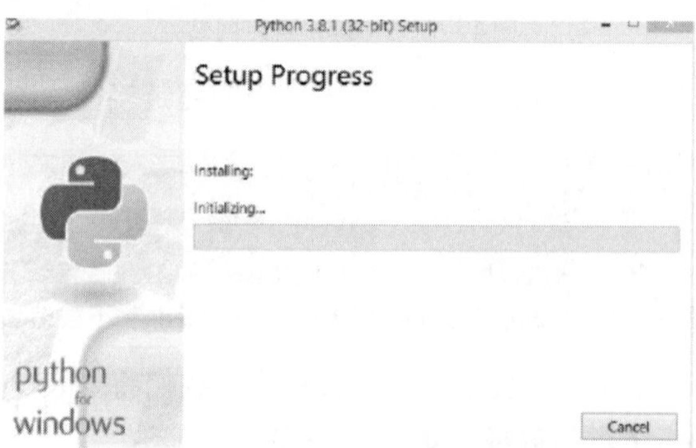

图 1－12　Python 启动初始化过程

Python 将会很快安装完成，并弹出一个提示 Python 安装成功的窗口，如图 1－13 所示。

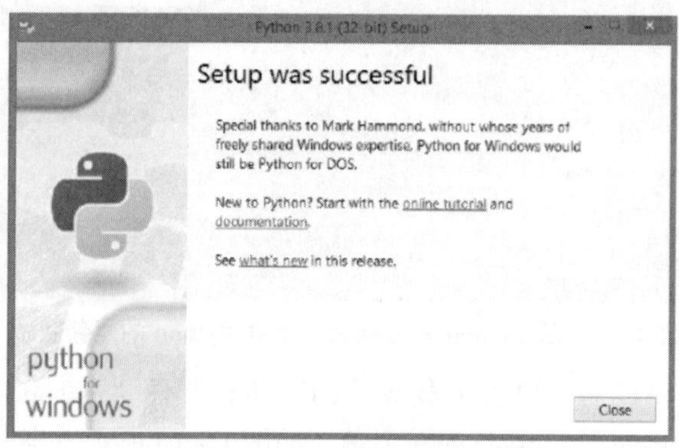

图 1－13　提示 Python 安装成功的窗口

成功安装好 Python 之后，用户可以采用以下两[①]种方法编写自己的代码。

（1）使用脚本模式。脚本模式允许用户编写和保存扩展名为“. py”的文件或者脚本。用户可以随时执行这些文件。在交互式解释器上也可以执行多行程序，但不能保存这些代码。

（2）使用交互模式。Python 提供了自己的 GUI 环境，称为集成开发和学习环境（Integrated Development and Learning Environment，IDLE）。IDLE 帮助程序员更快地编写代码，因为它可以实现自动缩进，并以不同的颜色突出显示不同的关键字。IDLE 还提供了一个交互式环境。IDLE 提供两种窗口：“Shell（命令行）”窗口提供了一个交互式环境，而“Editor（编辑器）”窗口允许用户编写代码，并在执行之前保存脚本。交互式 Shell 位于用户给出的命令和操作系统执行之间。该方式允许用户使用简单的 Shell 命令，用户不必为操作系统复杂的基本功能而烦恼。这种方式还可以防止操作系统不正确地使用系统功能。

在第 2 章中，读者将了解有关脚本模式和交互模式的更多信息。

1.9　Python 程序设计语言的内存管理

内存管理是将一部分或者全部的计算机内存保留给程序和进程执行的过程。内存管理允许应用程序读取数据和写入数据。在计算机系统中，内存的大小是有限的。因此，有必要查找一些可用的空间，并将其提供给应用程序以方便其执行。这种提供内存的过程称为内存分配。

在代码执行时，任何不再使用的数据都必须从内存中清除。

Python 利用其私有的堆空间进行内存管理。Python 中的所有对象结构都位于这个私有的堆空间中（程序员是无法访问这个私有的堆空间的）。Python 的内存管理器确保将堆空间公平合理地分配给所有的对象和数据结构。Python 中内置的垃圾收集器会回收未使用的内存，从而使其在堆空间中可用。

在 Python 中，一切都是对象。Python 包含不同类型的对象，如由数字和字符串组成的简单对象，以及由字典、列表和用户自定义类等组成的容器对象。用户可以通过标识符名称来访问这些对象。接下来讨论 Python 的基本工作原理。

请读者尝试以下操作。

假设将 5 赋给变量 a：

```
a =5
```

这里，5 是内存中的整数对象，变量 a 引用了该整数对象，如图 1 – 14 所示。

在图 1 – 14 中，内置函数 id( )可以返回对象的唯一标识。唯一标识是一个整数值，在对象的生命周期内将保持唯一和恒定不变。两个生命周期不重叠的对象可以具有相同的 id 值。

---

① 译者注：此处原书有误，此处不是 three ways（三种方法），而是 two ways（两种方法）。

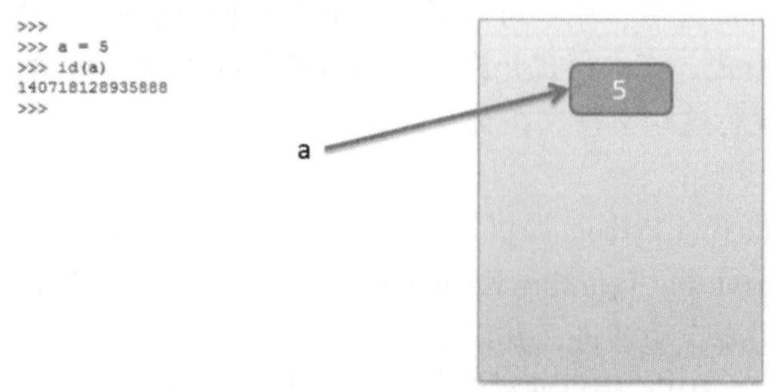
>>>
>>> a = 5
>>> id(a)
140718128935888
>>>
5
a

图 1－14　内置函数 id( ) 可以返回对象的唯一标识

整数对象 5 的 id 值为 140718128935888。现在我们将相同的整数值 5 赋给变量 b。在图 1－15 中，可以发现变量 a 和变量 b 均引用了同一个对象。

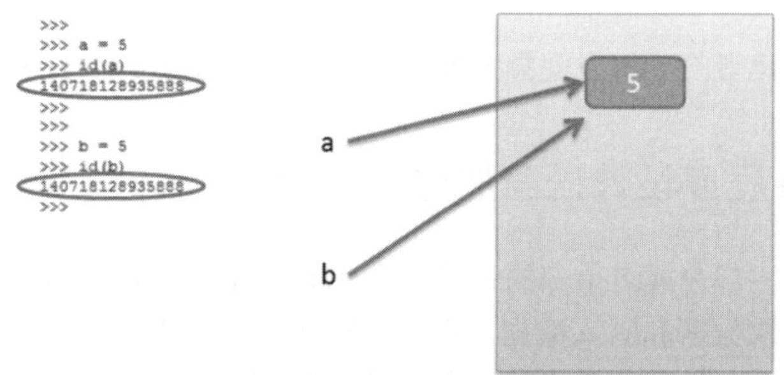
>>>
>>> a = 5
>>> id(a)
140718128935888
>>>
>>>
>>> b = 5
>>> id(b)
140718128935888
>>>
5
a
b

图 1－15　变量 a 和变量 b 引用了同一个对象

接下来执行以下语句：

```
c = b
```

这将意味着，变量 c 也将引用同一个对象，如图 1－16 所示。

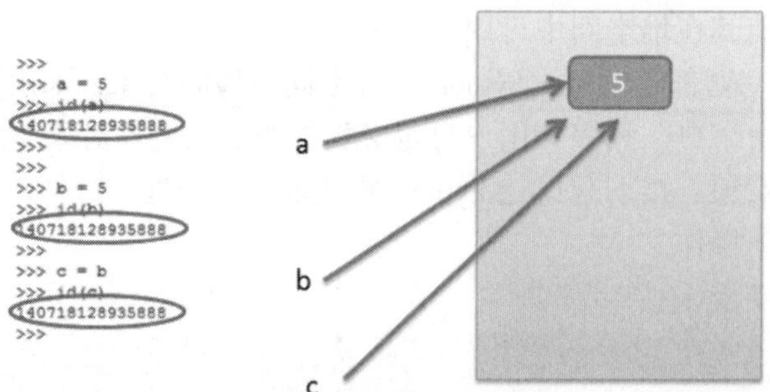
>>>
>>> a = 5
>>> id(a)
140718128935888
>>>
>>>
>>> b = 5
>>> id(b)
140718128935888
>>>
>>> c = b
>>> id(c)
140718128935888
>>>
5
a
b
c

图 1－16　变量 c、变量 a 以及变量 b 均引用同一个对象

现在，假设我们执行以下操作：

```
a = a + 1
```

这意味着变量 a 现在等于 6，也就是说变量 a 此时引用了一个不同的对象，如图 1－17 所示。

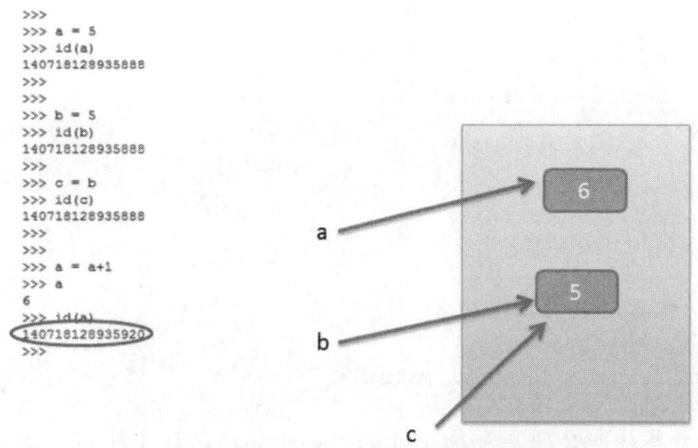
>>>
>>> a = 5
>>> id(a)
140718128935888
>>>
>>>
>>> b = 5
>>> id(b)
140718128935888
>>>
>>> c = b
>>> id(c)
140718128935888
>>>
>>>
>>> a = a+1
>>> a
6
>>> id(a)
140718128935920
>>>
6
a
5
b
c

图1－17 引用同一个对象和引用不同的对象

对于每一条指令，系统都会进行一定数量的内存组织。底层操作系统为每个操作分配一定数量的内存。Python 解释器的内存分配取决于各种因素，包括版本、平台和环境等。

分配给解释器的内存包括以下几个部分。

1. 栈

（1）栈内存用于执行所有的方法。

（2）在栈内存中创建对堆内存中对象的引用。

2. 堆

对象是在堆内存中创建的，如图1－18所示。

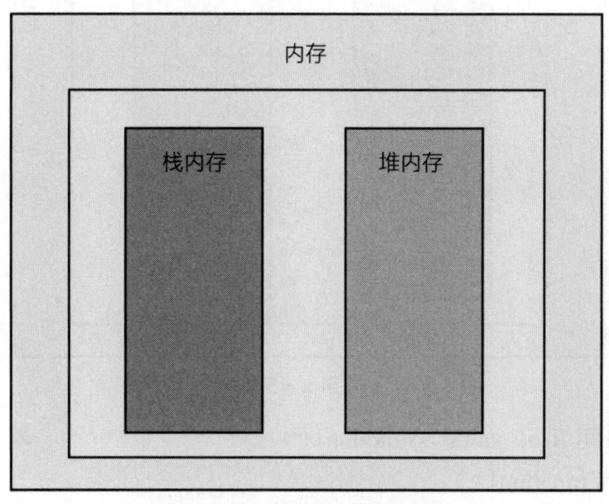
内存
栈内存
堆内存

图1－18 栈内存和堆内存

接下来通过一个示例来了解 Python 解释器内存分配的工作机制。请读者阅读并尝试以下代码片段。

```
def function1(x):
    value1 = (x + 5) * 2
    value2 = function2(value1)
    return value2

def function2(x):
    x = (x * 10) + 5
    return x

x = 5
final_value = function1(x)
print("Final value = ", final_value)
```

接下来讨论这个代码片段是如何工作的。程序的执行从主代码（main）开始，在本例中，主代码如下所示。

```
x = 5
final_value = function1(x)
print("Final value = ", final_value)
```

步骤 1：执行语句 x = 5。

结果将在堆内存中创建一个整数对象 5，并引用该对象，即在主栈内存中创建变量 x，如图 1 – 19 所示。

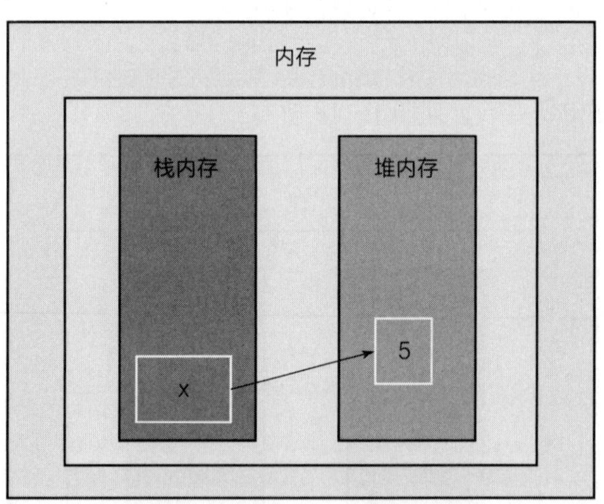

图 1 – 19　语句 x = 5 的执行结果

步骤 2：执行语句 final_value = function1(x)。

该语句调用函数 function1()。

```
def function1(x):
    value1 = (x + 5) * 2
    value2 = function2(value1)
    return value2
```

为了执行函数 function1( )，在内存中添加了一个新的栈帧。在函数 function1( )执行完成之前，下面的栈帧（变量 x 引用对象 5）一直处于挂起状态。整数值 5 作为参数传递给函数 function1( )，如图 1 – 20 所示。

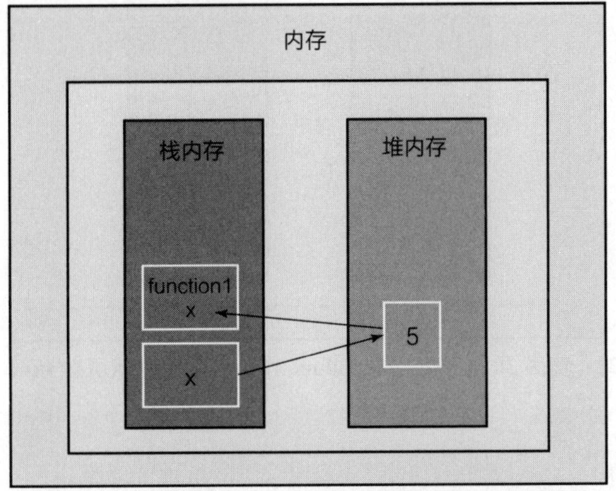

图 1 – 20 整数值 5 作为参数传递给函数 function1( )

现在，value1 = (x + 5) * 2 = (5 + 5) * 2 = 10 * 2 = 20，如图 1 – 21 所示。

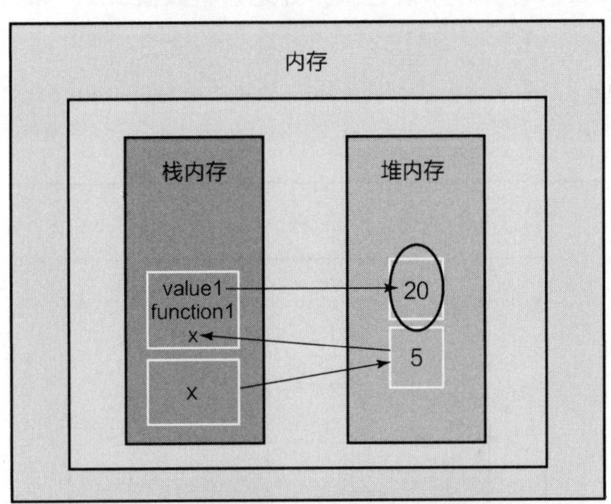

图 1 – 21 value1 = (x + 5) * 2 的执行结果[①]

函数 function1( )将整数值 20[②] 赋值给变量 value1。

步骤 3：执行语句 value2 = function2(value1)。

这里调用函数 function2( )来计算需要传递给 value2 的值。为了实现这一点，需要创建另一个内存栈。值为 20 的整数对象 value1 作为引用传递给函数 function2( )，如图 1 – 22 所示。

① 译者注：此处原书图中有误，应该为 20（不是 50）。

② 译者注：此处原书内容有误，应该为 20（不是 50）。

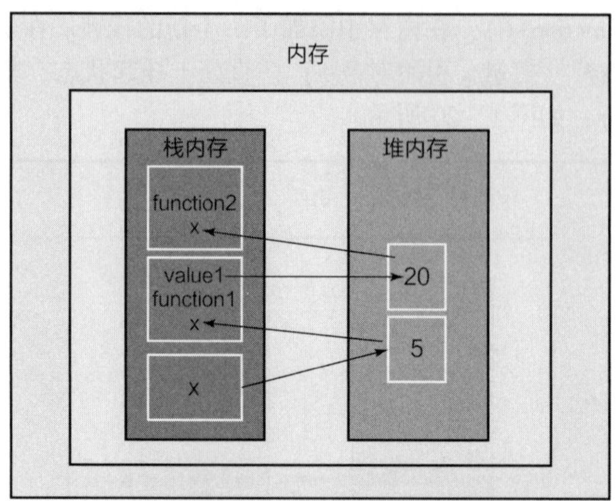

图 1－22　值为 20 的整数对象 value1 作为引用传递给函数 function2( )

```
def function2(x):
    x = (x * 10) + 5
    return x
```

使用函数 function2( )计算以下表达式，并返回整数值 205，如图 1－23 所示。

```
x = (x * 10) + 5
x = (20 * 10) + 5 = (200) + 5 = 205
```

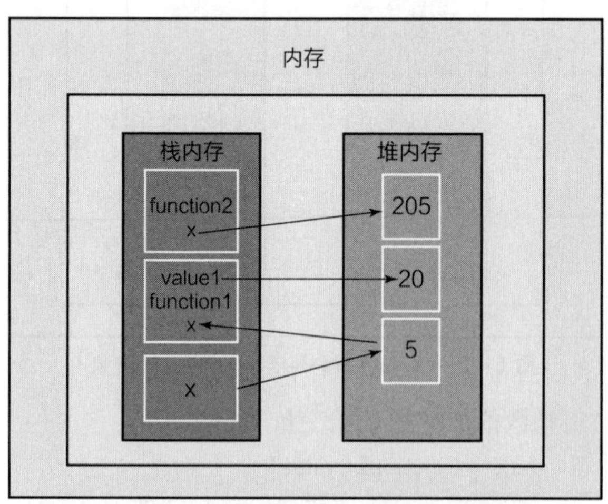

图 1－23　函数 function2( )执行完成后返回整数值 205

函数 function2( )执行完成后，将整数值 205 赋给函数 function1( )中的变量 value2，如图 1－24 所示。现在，function2( )①的栈帧将被移除。具体如图 1－23 所示。

① 译者注：此处原书内容有误，应该为 function2( )而不是 function(2)。

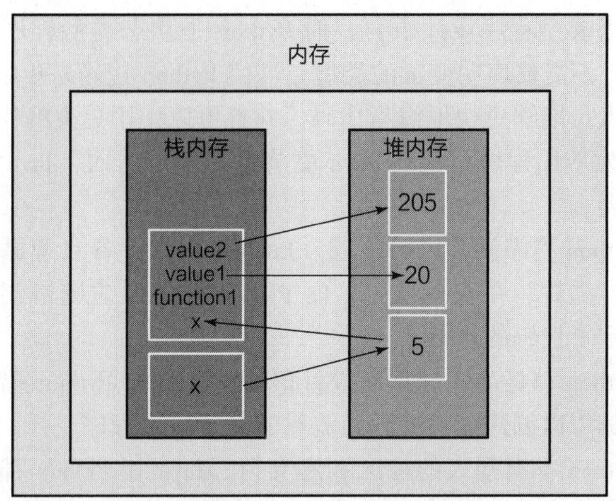

图1-24 函数 function2( )执行完成后，将整数值205赋给函数 function1( )中的变量 value2

现在，函数 function1( )将返回整数值205，并将这个值赋给主栈中的变量 final_value，如图1-25所示。

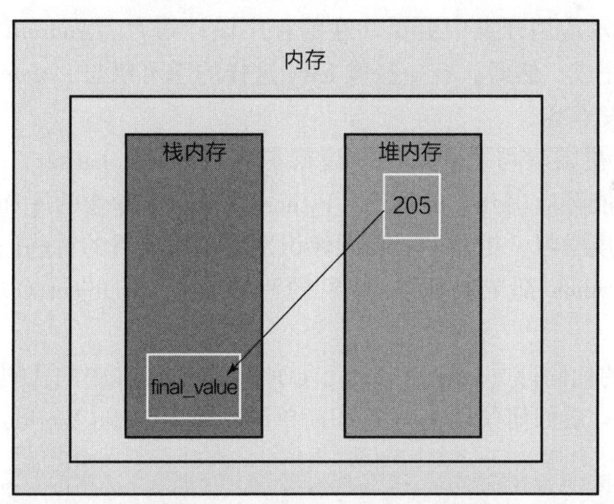

图1-25 将整数值205赋值给主栈中的变量 final_value

这里需要注意的是，虽然我们发现变量 x 存在于主代码以及不同的函数中，但这些值并不会相互干扰，因为每个变量 x 都位于不同的内存栈中。

1.10 Python 程序设计语言与 Java 程序设计语言的比较

（1）Java 是编译型程序设计语言，而 Python 是解释型程序设计语言。Java 和 Python 都在虚拟机上被编译为字节码。然而，在 Python 运行过程中，源代码会自动编译为字节码；而 Java 中用一个单独的程序（javac）来完成这项编译任务。这也意味着，如果在某个项目实现中更注重速度，那么 Java 可能比 Python 更具有优势，但也不能否认 Python 允许更快速的应用开发这一事实［这将在（2）中进行讨论］。

（2）Java 是静态类型程序设计语言，而 Python 是动态类型程序设计语言。在使用 Python 编写代码时，不需要声明变量的类型。这使 Python 代码易于编写和阅读，但分析起来很困难。开发人员能够更快地编写代码，并且可以使用更少的代码行来完成开发任务。使用 Python 开发应用程序可能比 Java 更节省时间。然而，Java 的静态类型系统可以减少程序中的错误。

（3）Java 和 Python 程序设计风格不同。Java 和 Python 各自遵循不同的程序设计风格。Java 将所有内容都封装在花括号中，而 Python 则遵循缩进格式，这使代码整洁可读。缩进格式还决定了代码的执行。

（4）Java 和 Python 都是高效的程序设计语言。Java 和 Python 都被广泛应用于 Web 开发框架。开发人员可以创建能够处理高流量的复杂应用程序。

（5）Java 和 Python 都有强大的社区和库支持。Java 和 Python 都是开源语言，都有相应的社区为它们提供支持和贡献。用户可以很容易地找到几乎所有方面的库。

（6）Python 可能更节省预算。由于 Python 是动态类型程序设计语言，所以它提供快速的应用开发过程。开发人员可以期望在创纪录的短时间内开发应用程序，从而降低开发成本。

（7）Java 是移动应用开发中更受欢迎的程序设计语言。Android 应用程序开发主要使用 Java 和 XML 完成。然而，有一些像 Kivy 这样的库可以与 Python 代码一起使用，以使其与 Android 开发兼容。

（8）Python 是机器学习、物联网、道德黑客（ethical hacker，又称为伦理黑客）、数据分析和人工智能等应用开发的首选。Python 具有非常专业的库和通用的灵活性，因此它已倾向成为深度学习、机器学习和图像识别等应用项目的首选语言。

（9）Java 和 Python 都支持面向对象的程序设计（Object Oriented Programming，OOP）。

（10）Java 中的代码行（Line of Code，LOC）比 Python 中的代码行更多、更长。

读者可以先看一看如何使用 Java 打印简单的字符串 Hello World，其实现代码如下。

```
public class HelloWorld
{
  public static void main(String[] args)
  {
    System.out.println("Hello World");
  }
}
```

而使用 Python，仅需要编写以下一行代码。

```
print("Hello World")
```

（11）与 Python 相比，Java 更难于学习和掌握。Python 的开发目的主要侧重于使其更易于学习和掌握。

（12）在与数据库的连接方面，Java 更强大。Java 的数据库访问层非常强大，几乎与任何数据库都兼容。Python 的数据库连接功能不如 Java 强大。

（13）在安全性方面，Java 高度重视安全性，因此，对于那些需要安全性的应用程序而言，Java 是首选语言，但是优秀的开发人员也可以使用 Python 编写安全的应用程序。

本章要点

- 程序设计语言可以分为低级程序设计语言和高级程序设计语言。
- 高级程序设计语言使编码变得容易，但是计算机无法直接理解。
- 高级程序设计语言程序必须翻译成机器可以理解的形式。
- 低级程序设计语言可以分为两种类型：机器语言和汇编语言。
- 机器语言是采用 0 和 1 编写的代码。
- 汇编语言依赖于机器，但是使用计算机无法理解的助记符来编写指令。
- 使用高级语言编写的程序更接近人类使用的英语的逻辑。
- 程序设计语言处理器用于将程序设计语言转换为机器码，以便计算机能够理解指令和执行指令。
- 可以使用汇编器将汇编语言转换为机器语言。
- 对于使用高级语言编写的源代码，编译器可以将其一次性地转换为中间目标代码。
- 解释器逐行翻译代码，并不生成目标代码。
- 程序设计语言的发展历程体现了程序设计语言是如何从程序设计概念产生之初的形态逐渐发展到今天的形态。程序设计语言的发展历程表明了程序设计的能力在逐渐增强。
- 根据发展历程，可以将程序设计语言分为五代：1GL、2GL、3GL、4GL 和 5GL。
- 程序设计范式更像是一个思想流派，它提供了一个可以用于实现程序设计语言的框架或者方法。
- 程序设计范式只是程序设计的一种方式，而程序设计语言具有一组良好定义的词汇、规则和指令，用户必须正确遵循这些词汇、规则和指令，才能使计算机执行特定的任务。
- 程序设计范式总共有 27 种，其中，主要的程序设计范式为以下 4 种：命令式/面向过程的程序设计范式、面向对象的程序设计范式、函数式程序设计范式和逻辑式程序设计范式。
- Python 程序设计语言的前身是 ABC 语言。
- Python 是由 Guido Van Rossum 设计的。
- Python 社区授予 Van Rossum “终身仁慈独裁者（BDFL）”的称号。

- Python 程序设计语言具有以下主要特性：简单、易学、通用/灵活、属于解释型语言、易于调试、免费和开源、属于交互式语言、属于高级程序设计语言、可移植、与平台无关、支持多种程序设计范式、对用户友好、具有动态性、可扩展、可嵌入、具有安全性、健壮、多线程、能自动回收垃圾。
- Python 有着非常美好的前景，原因：免费、非常适合前端开发和后端开发、与平台无关、简单、拥有强大的社区支持。
- Python 可以通过其官方网站下载和安装：https://www.python.org/。
- 用户可以使用以下三种方法开始编写 Python 代码。
  - 命令行的交互式解释器。
  - 将脚本另存为后缀为“.py”的文件。
  - 使用 IDLE。

本章结论

在开始学习 Python 之前，建议读者花一些时间了解 Python 的发展历史以及 Python 存在的目的。对于为什么要学习一门程序设计语言，以及使用该程序设计语言可以完成哪些任务，读者应该做到心中有数。本章介绍了 Python 是如何产生的，以及它被认为优于许多其他程序设计语言的原因。在第 2 章中，我们将学习 Python 的基础知识。

本章习题

一、选择题

1. 以下哪一项陈述是不正确的？（　　）

a. 机器码是一种低级程序设计语言

b. 高级程序设计语言与平台无关

c. 低级程序设计语言允许交互执行

d. 高级程序设计语言是对用户友好的

2. 对于低级程序设计语言，编码需要了解机器码和指令。（　　）

a. 真　　　　b. 假

3. 低级程序设计语言可以被计算机很好地理解，但它们很难编码，而且执行所需的时间太长。（　　）

a. 真　　　　b. 假

4. Ruby 程序设计语言属于下列哪一种程序设计范式？(　　)

a. 逻辑式程序设计范式

b. 函数式程序设计范式

c. 面向对象的程序设计范式

d. 命令式/面向过程的程序设计范式

5. Pascal 程序设计语言属于逻辑式程序设计范式。(　　)

a. 正确　　b. 错误

6. 高级程序设计语言可以在下列哪一个程序的帮助下转换为机器码？(　　)

a. 汇编器　　b. 链接器

c. 解释器　　d. 加载器

7. 当高级程序设计语言正在执行时，以下哪一个程序会将可执行代码读入主内存？(　　)

a. 解释器　　b. 编译器

c. 加载器　　d. 链接器

8. 以下哪一项使用 Python 构建的交互式命令 GUI？(　　)

a. 命令提示符　　b. PVM

c. IDLE　　d. Pdk

9. 以下哪一项是关于 Python 特性的描述？(　　)

a. 属于编译型程序设计语言　　b. 属于低级程序设计语言

c. 与平台相关　　d. 属于解释型程序设计语言

参考答案：

1. c　2. a　3. b　4. c　5. b　6. c　7. c　8. c　9. d

二、填空题

1. 低级程序设计语言接近________逻辑。

2. 计算机很容易理解________语言。

3. ________语言需要更多的执行时间。由于程序员必须使用类似英语的语句，所以编码时间更短。

4. ________语言不是独立于机器的。

5. ________是一种可以“直接”执行高级程序语言程序的程序，无须先翻译成机器语言。

参考答案：

1. 机器　2. 机器　3. 高级程序设计　4. 低级程序设计　5. 解释器

三、简答题

1. Python 程序设计语言使用哪一种字符集？

参考答案：Python 程序设计语言使用传统的 ASCII 字符集。

2. 匹配以下内容（表 1－2）。

表 1－2　简答题 3 表

A	B
机器语言代码	字节码
源代码	二进制码：低级程序设计语言①
目标代码	高级语言和机器码之间的代码：高级程序设计语言②
中间目标代码	源代码转换为机器语言代码：特定程序的机器语言代码③

参考答案：匹配结果如表 1－3 所示。

表 1－3　匹配结果

A	B	A	B
机器语言代码	低级程序设计语言	目标代码	特定程序的机器语言代码
源代码	高级程序设计语言	中间目标代码	字节码

3. 阐述编译器和解释器的区别。

参考答案：编译器和解释器的区别如表 1－4 所示。

表 1－4　编译器和解释器的区别

编译器	解释器
一次性翻译代码	逐行翻译代码
分析程序需要更多的时间，执行程序需要更少的时间	分析程序所需时间更短，执行程序所需时间更长
只有在扫描整个程序后，才会显示错误	一旦遇到程序错误，立即显示错误信息
生成中间目标代码	不生成目标代码
C、C++、Java 是编译型程序设计语言的例子	Python、Perl、PHP 是解释型程序设计语言的例子

① 译者注：此处原书内容与答案不符，应该改为“低级程序设计语言”。
② 译者注：此处原书内容与答案不符，应该改为“高级程序设计语言”。
③ 译者注：此处原书内容与答案不符，应该改为“特定程序的机器语言代码”。

4. 请更正以下描述语句。

编译器不会创建目标代码，汇编器将创建中间目标代码，解释器创建可以由CPU直接执行的机器码。

参考答案：解释器不会创建目标代码，编译器将创建中间目标代码，汇编器创建可以由CPU直接执行的机器码。

5. 什么是第二代程序设计语言？

参考答案：依赖于机器的汇编语言被称为第二代程序设计语言。

6. 是谁设计了Python？

参考答案：Guido Van Rossum。

7. 哪一种语言是Python程序设计语言的前身？

参考答案：ABC语言。

8. Python程序设计语言开发的目标是什么？

参考答案：Python程序设计语言开发的目标是开发一种强调代码可读性的语言，其语法允许程序员使用更少的代码行编写程序。

9. 写一篇关于Python程序设计语言主要特性的简短说明。

参考答案：请参阅1.6节。

10. 解释说明为什么Python程序设计语言是一种解释型程序设计语言。

参考答案：请参阅1.6节。

11. 使用适当的词汇回答下列问题。

a. 在Python程序中，对于那些不再会被使用的对象，哪一个特性确保将其被删除？(垃圾回收)

b. 在Python程序设计过程中，哪一个特性允许其使用C/C++编写的代码？(可扩展性)

c. 哪一个特性允许Python采用面向对象、面向过程、函数式和逻辑式的程序设计框架工作？(支持多种程序设计范式)

12. 用户可以使用Python作为脚本语言吗？请回答是或否，并阐述所给答案的理由。

参考答案：是的，Python可以用作脚本语言，因为它是可嵌入的程序设计语言。

13. Python是否可以很容易地与C、C++、COM、ActiveX、CORBA和Java等程序设计语言集成？

参考答案：可以。

四、是非题

1. Python将源代码转换为称为位码（bit code）的中间代码。(错误。字节码)

2. 多线程允许同时执行多个任务。(正确)

3. Python程序不能嵌入C/C++程序。(错误。可以嵌入)

4. Python是使用0和1进行编码的。(错误。英语短语)

5. Python代码易于维护。(正确)

6. 在 Python 程序中，程序员必须确保代码不会导致内存泄漏。(错误。由于 Python 存在自动垃圾回收机制，代码不必担心内存泄漏)

五、论述题

1. 对程序设计语言分类进行简短说明。

参考答案： 请参阅 1.1 节。读者必须了解以下知识点。

（1）低级程序设计语言的定义。

（2）高级程序设计语言的定义。

（3）低级程序设计语言（机器语言和汇编语言）的分类及其定义。

2. 阐述有关机器语言的五个要点。

参考答案： 机器语言的五个要点如下。

（1）机器语言采用二进制（0 和 1）编码。

（2）使用机器语言编写代码非常困难。

（3）机器语言很难解释。由于机器语言采用二进制编码，因此很难将指令与数据或者操作数区分开来。

（4）调试使用机器语言编写的程序非常困难。

（5）修复机器语言代码中的错误非常困难。

3. 对汇编语言进行简短说明。

参考答案：

（1）汇编语言使用助记符（英语中的简单单词）进行编码。

（2）与机器语言不同，指令、数据和操作数很容易识别。

（3）由于汇编语言不是使用二进制编码的，因此需要汇编器将指令转换为机器语言代码。

（4）与机器语言相比，执行汇编语言代码需要花费更多的时间。

4. 绘制一张图表，解释执行用高级程序设计语言编写的程序的几个步骤。

参考答案： 用高级程序设计语言编写的程序的执行过程如图 1－26 所示。

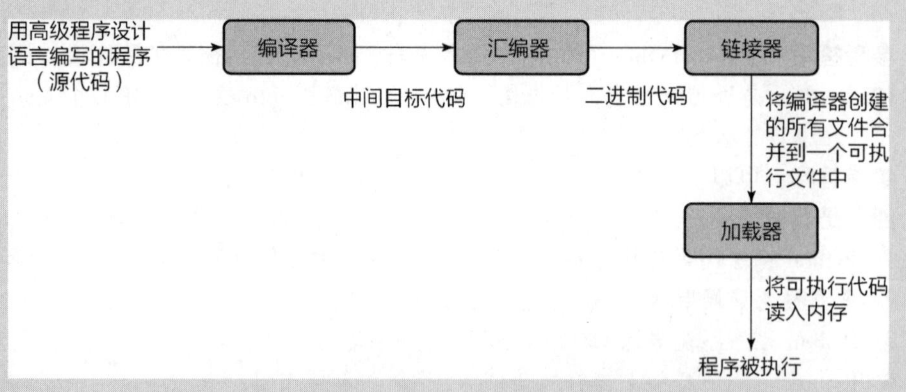

图 1－26　用高级程序设计语言编写的程序的执行过程

5. IDLE 的英文全称是什么？

参考答案： Integrated Development and Learning Environment。

6. 交互式 Shell 的功能是什么？

参考答案： 交互式 Shell 位于用户给出的命令和操作系统执行之间。它允许用户使用简单的 Shell 命令，而且用户不必为操作系统复杂的基本功能而烦恼。这种方式还可以防止操作系统不正确地使用系统功能。

7. 如何退出交互模式？

参考答案： 用户可以使用"Ctrl + D"组合键或者 exit( ) 命令退出交互模式。

8. Python IDLE 环境有哪些优点？

参考答案： Python IDLE 环境具有以下优点。

（1）采用交互模式。

（2）它是用于编写程序和运行程序的工具。

（3）它包含一个文本编辑器，可以用于处理脚本。

9. Python 为什么被认为是一种高度通用的程序设计语言？

参考答案： Python 被认为是一种高度通用的程序设计语言，是因为它支持多种程序设计模型，例如：

（1）面向对象；

（2）函数式；

（3）命令式；

（4）面向过程。

10. 与其他程序设计语言相比，Python 程序设计语言具有哪些优势？

参考答案： 与其他程序设计语言相比，Python 程序设计语言具有以下优势。

（1）可以使用 C 和 C ++ 进行扩展。

（2）本质上是动态的。

（3）易于学习和实现。

（4）包含第三方操作模块。顾名思义，第三方操作模块是由第三方编写的，这意味着用户和 Python 程序设计语言开发者都没有开发这些操作模块。但是，用户可以利用这些操作模块向自己的代码中添加功能。

11. "Python 是一种解释型程序设计语言"是什么意思？

参考答案： Python 是一种解释型程序设计语言，意味着 Python 代码在执行之前不进行编译。使用编译型程序设计语言（如 Java）编写的代码可以直接在处理器中执行，因为代码是在运行（runtime）之前被编译，并且在执行时提供计算机可以理解的机器语言形式。而 Python 并非如此，它的代码在运行前并不提供机器语言代码，在程序执行时，才将代码翻译成机器语言代码。

12. 还存在哪些解释型程序设计语言？

参考答案：一些常用的解释型程序设计语言如下。

（1）Python。

（2）Pearl。

（3）JavaScript。

（4）PostScript。

（5）PHP。

（6）PowerShell。

13. Python 是动态类型程序设计语言吗？

参考答案：是的，Python 是动态类型程序设计语言，因为在 Python 代码中，声明变量时不需要指定变量的类型。在执行代码时，才能确定变量的类型。

14. Python 是一种高级程序设计语言吗？高级程序设计语言的基本要求是什么？

参考答案：高级程序设计语言充当机器和人类之间的桥梁。直接使用机器语言进行编码是一个非常耗时和烦琐的过程，这种方式会限制程序员实现他们最终的目标。像 Python、Java、C ++ 等高级程序设计语言就非常容易理解。程序员可以将它们用于高级程序设计。高级程序设计语言允许程序员编写复杂的代码，然后将这些代码翻译成机器语言，以便计算机能够理解需要完成的任务。

15. 请解释 Python 中的引用计数和垃圾回收机制。

参考答案：与 C/C ++ 等程序设计语言不同，Python 中的内存分配和释放过程是自动实施的。这是通过引用计数和垃圾回收机制来实现的。

顾名思义，引用计数用于统计一个对象被程序中的其他对象所引用的次数。每当取消对一个对象的引用时，引用计数的值都会减小 1。一旦引用计数的值变为 0，对象就被释放。当删除对象、重新分配引用或者对象超出作用范围时，对象的引用计数值就会递减。当对象被指定名称或者放置在容器中时，引用计数值就会递增。

另外，垃圾回收机制允许 Python 释放和回收不再被使用的内存块。这个过程是定期进行的。垃圾回收器在程序执行时运行，当对象的引用计数值达到 0 时，就会触发垃圾回收器。

第2章

Python基础

在了解 Python 程序设计语言的基本结构，以及随之产生的相应规则和建议后，我们将开始学习 Python 程序设计。在本章中，我们将了解 Python 程序设计的学习环境及其基本结构，以及 Python 程序设计的注意事项。

本章组织结构

- Python 集成开发和学习环境
- 标记符：保留字/关键字、标识符、字面量、分隔符、运算符
- Python 注释
  - 编写代码时，添加有助于自己阅读代码的注释
  - 编写代码时，添加有助于其他人阅读代码的注释
  - 如何书写程序注释
  - Python 文档字符串及相应的注释
- 缩进
- 常量
- 静态类型和动态类型
- 数据类型
- Python 中的语句

本章学习目标

阅读本章后，读者将掌握以下知识点。

- 使用 IDLE 和编辑器环境的方法。
- 各种标记符之间的差异，以及在接下来的章节中使用这些标记符的方法。
- 标识符的命名规则。
- 在代码中使用注释的方法。
- 静态类型和动态类型的区别。
- Python 中各种语句的含义和使用方法。

2.1　Python 集成开发和学习环境

如第 1 章所述，在使用 Python 时，程序员经常使用 IDLE 测试代码或者使用 Python 编辑器保存代码。在本节中，我们将学习如何使用 Python IDLE 和 Python 编辑器。

2.1.1　Python IDLE

如果用户正确安装了 Python，就可以查找到 Python IDLE。该程序位于已安装的程序列表中。用户只要在搜索框中输入“python”，该程序就会显示出来，如图 2－1 所示。

图 2－1　查找 Python IDLE 应用程序

步骤 1：打开 Python IDLE 窗口。

Python IDLE 窗口如图 2－2 所示。Python IDLE 窗口也称为 Python 解释器或者 Shell。

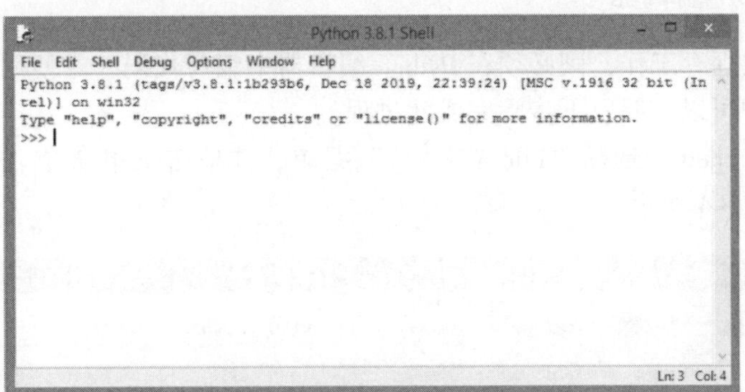

图 2－2　Python IDLE 窗口

用户可以直接在 Shell 中输入命令来开始编写程序代码。用户输入的命令将被立即执行，并且在 Shell 中将立即显示输出结果。之所以说 Shell 提供了一个交互式的环境，是因为 Shell 一次只执行一条语句。当开发人员希望在完成代码之前获得正确的逻辑时，他们更喜欢使用 Python IDLE。

当用户打开 Shell 时，将看到一个提示符（ >>> ），其后有一个闪烁的光标。这表示 Shell 正在等待用户输入命令。然而，需要注意的是，在退出 Shell 时，用户在 Shell 中完成的所有工作（命令和系统响应）都将丢失。因此，如果用户希望以后能够访问完成的工作，那么 Shell 不是合适的场所。

步骤 2：在提示符（>>>）后面直接输入命令，然后按 Enter 键，如图 2－3 所示。

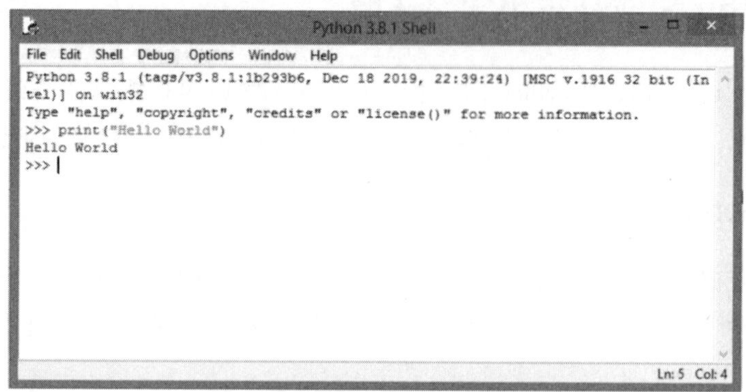

图 2－3 使用交互式 Shell 窗口

这里，我们给出了一个基本的 print( ) 函数。其语法格式如下：

```
print(str)
```

其中，str 是一个文本字符，或者字符串变量。

在本例中，str 是一个文本字符串 Hello World。在 Shell 中输入 print("Hello World") 函数，并按 Enter 键时，Shell 将执行该函数并显示字符串或者输出文本。

2.1.2 Python 编辑器

如果用户要保存工作，则必须在 Python 编辑器中编写代码，并使用“. py”扩展名保存文件。用户可以按照以下步骤完成此过程。

步骤 1：在 Shell 中选择“File（文件）”菜单，并单击菜单命令“New File（新建文件）”，如图 2－4 所示。

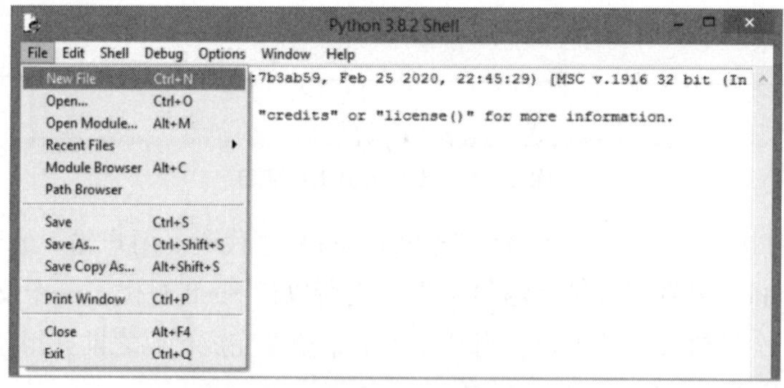

图 2－4 在 Shell 窗口中新建文件

结果会打开一个 Python 编辑器，如图 2－5 所示。

步骤 2：选择“File（文件）”菜单，并单击菜单命令“Save As（另存为）”，如图 2－6 所示。

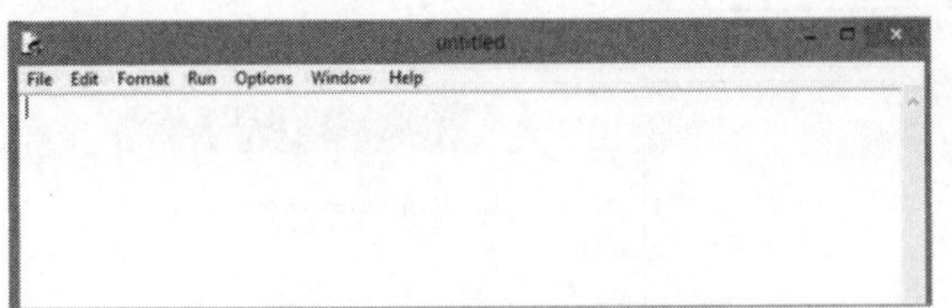

图 2-5 Python 编辑器

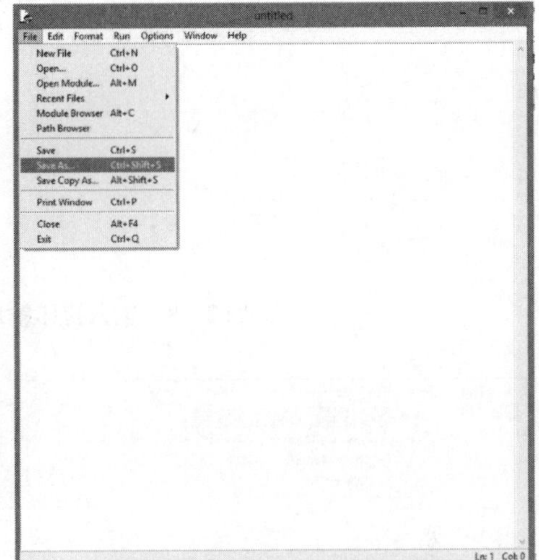

图 2-6 保存 Python 文件

将名为“hello_world. py”的文件保存到所需的文件夹中，如图 2-7 所示。

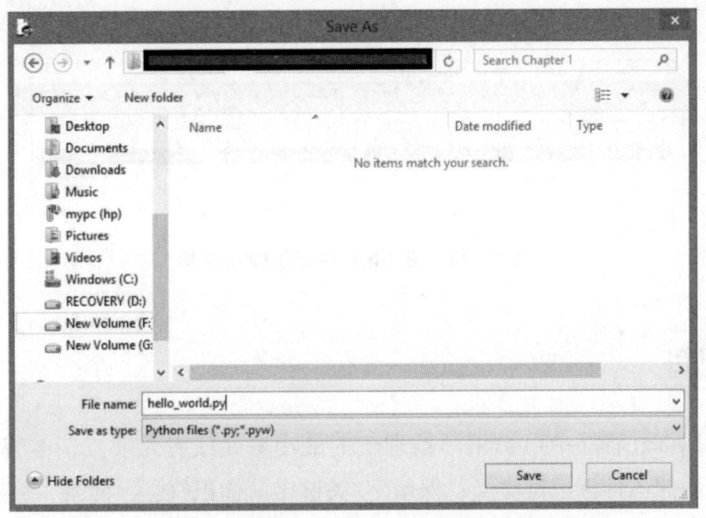

图 2-7 Python 文件的后缀必须为“. py”

步骤 3：在文件中输入代码。

此处，输入同样的打印输出函数 print("Hello world")，如图 2-8 所示。

步骤 4：选择“Run（运行）”菜单，并单击菜单命令“Run Module（运行模块）”，如图 2-9 所示。

步骤 5：如果弹出图 2-10 所示的窗口，则单击“OK”按钮。

输出将显示在 Shell 中，如图 2-11 所示。

```
File  Edit  Format  Run  Options  Window  Help
print("Hello World!")
```

图 2-8　输入打印输出函数 print("Hello world")

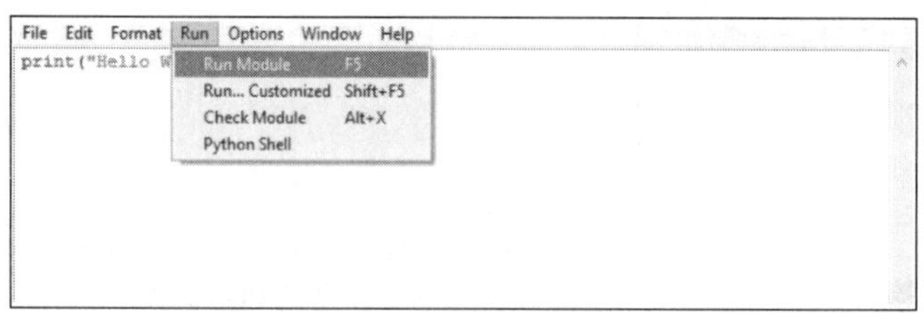

图 2-9　运行模块

图 2-10　执行程序前必须先保存文件

```
File  Edit  Shell  Debug  Options  Window  Help
Python 3.8.1 (tags/v3.8.1:1b293b6, Dec 18 2019, 22:39:24) [MSC v.1916 32 bit (In
tel)] on win32
Type "help", "copyright", "credits" or "license()" for more information.
>>>
Hello World!
>>> |
```

图 2-11　在 Shell 中显示输出结果

2.2　标记符

标记符是 Python 程序中可被编译器理解的最小单元或者元素。在本节中，我们将了解 Python 中使用的各种标记符类型：保留字/关键字、标识符、字面量、分隔符、运算符。

图 2-12 描述了 Python 程序设计语言中的各种标记符类型。

2.2.1　Python 保留字/关键字

Python 程序设计语言包含一些保留字，也称为关键字。请记住，Python 关键字不能用作标识符。Python 关键字在定义 Python 程序设计语言的语法和结构方面起着非常重要的作用。关键字区分大小写。

在 Shell 中输入“help()”，将出现一个“help >”提示符。输入关键字并按 Enter 键，结果将显示所有关键字。关键字列表将高亮突出显示，如图 2-13 所示。

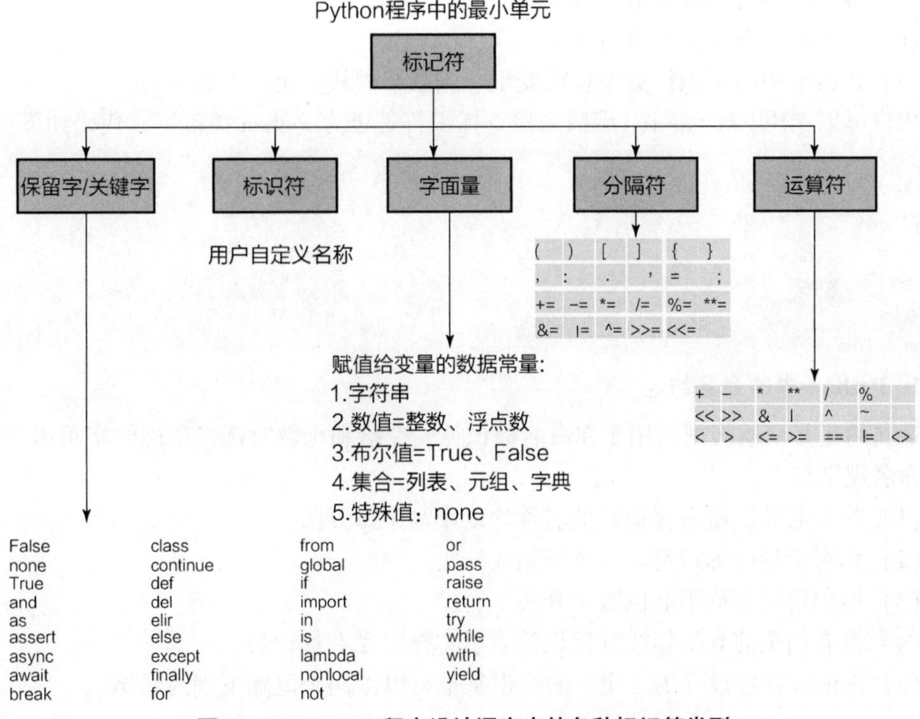

图 2-12　Python 程序设计语言中的各种标记符类型

False	class	from	or
none	continue	global	pass
True	def	if	raise
and	del	import	return
as	elir	in	try
assert	else	is	while
async	except	lambda	with
await	finally	nonlocal	yield
break	for	not	

图 2-13　Python 关键字

2.2.2　Python 标识符

Python 标识符是用于标识变量、函数、类、对象或者任何模块的名称。关于 Python 标识符，需要注意以下几个要点。

（1）Python 标识符的名称不能与任何保留字/关键字相同。

（2）标识符或者变量名只能由以下部分组成。

- 字母 A ~ Z 以及 a ~ z。
- 下划线 “_”。
- 数字 0 ~ 9。

（3）标识符中不能使用 “%” “#” 等标点符号。

（4）因为 Python 区分大小写，所以 Var 和 var 是不同的标识符。

（5）变量的名称不能以数字开头。

（6）标识符名称的长度没有限制。

（7）Python 中的标识符类型包括变量、函数、模块、类、对象。

用户可以调用 iskeyword( ) 函数来检查标识符是否为 Python 关键字，代码如下所示。

```
>>> import keyword
>>> keyword.iskeyword("if")
True
>>> keyword.iskeyword("only")
False
```

1. Python 中的命名约定

命名约定是一组规则，用于在命名标识符、变量和函数时选择正确的字符组合。标识符命名规则如下。

（1）除类名外，所有标识符的名称均以小写字母开头。

（2）私有变量的标识符以一个下划线开头。

（3）标识符的名称不能以数字开头。

（4）带有两个前导下划线的标识符表示它是强私有标识符。

（5）Python 程序设计语言定义的标识符也可以以两个尾随下划线结尾。

2. Python 变量

为了执行各种计算和任务，无论使用哪种语言进行编码，程序代码中都需要数据。事实上，有时即使执行一小段代码，也需要很多信息。这些数据或者信息通过变量提供给代码。变量是程序设计中最基本的概念。

变量是存储值的保留内存位置。变量用于存储代码所需的数据。这是一种代码跟踪计算所需值的方法。变量只是存储在特定位置的值的别名（或者引用）。通过 id( ) 函数，用户可以检索变量所在的内存地址，示例如下。

```
>>> s = 9
>>> id(s)
1696266288
```

【示例 2－1】

假设程序需要计算一个圆的周长。求圆的周长的公式是 $2\pi r$。其中 $\pi = 3.14$。假设需要计算一个半径为 15 厘米的圆的周长。以下说明如何使用变量来存储值，以便执行计算。

首先定义一个变量，其名称为 radius，并使用等号“＝”运算符将其赋值为 15。

接下来定义以下两个变量。

（1）pi：将其赋值为 3.14。

（2）perimeter：将其赋值为 2 * pi * radius。这意味着首先必须计算出周长值，然后将其赋给 perimeter 变量。

```
>>> pi = 3.14
>>> perimeter = 2 * pi * radius
```

接下来打印 perimeter 变量的值。

```
>>> print("The perimeter of the circle is : ",perimeter)
```

在解释器中执行的全部代码如下。

```
>>> radius = 15
>>> pi = 3.14
>>> perimeter = 2 * pi * radius
>>> print("The perimeter of the circle is : ",perimeter)
The perimeter of the circle is : 94.2
>>>
```

在代码中，我们使用了以下三个变量。

（1）变量 radius，用于存储半径的长度值。

（2）变量 pi，用于存储值 3.14。

（3）变量 perimeter，用于存储圆的周长值，稍后将其打印输出。

在代码中，将值 15 赋给变量 radius。此代码始终只有一个输出值 94.2。当然，也可以提示用户输入半径值，并使用该值计算周长。这将使代码具有一定程度的交互性。稍后，我们将讨论这个问题。

请注意，通过直接赋值也可以创建变量。

```
radius = 15
```

一旦输入“radius = 15”，系统就创建一个名为 radius 的变量，其值为整数值 15。用户可以一次性创建多个变量。例如：

```
>>> radius, pi = 15, 3.14
>>> perimeter = 2 * pi * radius
>>> perimeter
94.2
>>>
```

将值一次性赋给多个变量的另一个示例如下。

```
>>> fruit1,fruit2,fruit3 = 'Apple','Banana','Mango'
>>> fruit1
'Apple'
>>> fruit2
'Banana'
>>> fruit3
'Mango'
>>>
```

在这里，我们在一行代码中创建了三个变量，并逐一打印这三个变量的值。将第一个值 Apple 赋给第一个变量 fruit1，将第二个值 Banana 赋给第二个变量 fruit2，将第三个值 Mango 赋给第三个变量 fruit3。当在一行中为多个变量赋值时，值可以具有不同的数据类型。

```
>>> a, b, c = 'a',1,3.6
>>> a
'a'
>>> b
1
>>> c
3.6
>>>
```

因此，我们发现，在一行代码中，将一个文本值赋给变量 a，将一个整数值赋给变量 b，将一个十进制值赋给变量 c。

与其他程序设计语言相比，Python 程序设计语言中的变量声明有很大差异。例如，在 C、C ++ 或者 Java 程序设计语言中引入变量时，需要先声明该变量，然后通过给变量赋值来定义变量。但是，在 Python 程序设计语言中，变量的声明和定义之间没有区别，稍后我们将讨论这一点。

解释器根据数据类型保留内存。内存是一个实体，程序员可以分配一些值。可以使用赋值语句运算符为变量赋值，代码如下。

```
var = 2
val = "Happy Birthday!"
```

可以使用 print( ) 函数打印变量的值，代码如下。

```
>>> val = 2
>>> print(val)
2
>>> var = 2
>>> val = "Happy Birthday!"
>>> print(var)
2
>>> print(val)
Happy Birthday!
```

可以将新值重新赋给变量。假设 counter = 0 表示变量 counter 引用内存中的值 0。如果将一个新值赋给变量 counter，那么变量 counter 将引用一个新的内存块，并且旧值会被作为垃圾回收。

（1）示例代码 1。

```
>>> counter = 0
>>> id(counter)
140720960549680
>>> counter =10
>>> id(counter)
140720960550000
>>>
```

（2）示例代码 2。

```
>>> val = 10
>>> print(val)
10
>>> val = "Hi"
>>> print(val)
Hi
>>> val = 90.8
>>> print(val)
90.8
>>>
```

可以将相同的值赋值给多个变量，代码如下。

```
>>> a = b = c
>>> print(a)
89
>>> print(b)
89
>>> print(c)
89
>>>
```

2.2.3　Python 字面量

在 Python 程序中，分配给变量或者常量的原始数据称为 Python 字面量。Python 中使用的各种类型的字面量如下。

（1）字符串。

（2）数值：整数、浮点数、复数。

（3）布尔值：True、False。

（4）集合：列表、元组、字典。

（5）特殊值：None。

在后续章节中，我们将深入讨论各种字面量。

2.2.4 Python 分隔符

在 Python 中，分隔符是由一个或者多个字符组成的序列，用于指定纯文本或者其他数据流中各个部分之间的边界。

表 2－1 所示为 Python 中的分隔符列表。

表 2－1 Python 中的分隔符列表

(	)	[	]	{	}
,	:	.	'	=	;
+=	-=	*=	/=	%=	**=
&=	|=	^=	>>=	<<=	

2.2.5 Python 运算符

运算符是用于执行算术运算或者逻辑运算的符号。操作数是为运算符提供操作所需的值。在第 3 章中，我们将深入学习 Python 中的各种运算符。

Python 中定义了以下运算符，用于执行相应的各种操作。

（1）算术运算符。

（2）关系运算符。

（3）逻辑/布尔运算符。

（4）赋值运算符

（5）成员关系运算符。

（6）标识运算符（identity operators，又称为恒等运算符、身份运算符）。

2.3 Python 注释

在进行程序设计时，需要确保代码的可读性，并使其易于团队其他成员的理解。

在整个程序设计过程中，必须强调最佳实践，并严格加以遵守。在 2.2 节中我们已经讨论过，在命名变量时必须牢记一些基本规则。同样地，某些规则或者习惯可以帮助我们高效地组织或者管理代码。

在本节中，我们将讨论注释在 Python 程序设计中的重要性。在进行程序编码时，理解使用注释的重要性非常重要。

注释是所有程序中的一个重要组成部分。在 Python 中，允许单行和多行注释。在 Python 程序代码中使用注释包括以下两种方法。

（1）单行注释以“#”开始，如图 2－14 所示。

（2）通过三重引号“'''”可以实现多行注释，如图 2－15 所示。

```
# I am a single line comment
```

图 2-14　单行注释的示例

```
''' HI
I AM
MULTIPLE LINE COMMENT
'''
```

图 2-15　多行注释的示例

2.3.1　自己编写代码时的注释

注释可以帮助我们阅读自己编写的代码。是的，这句话完全没有问题。读者可能会疑惑，为什么需要使用注释来理解自己编写的代码呢？如果自己编写了一个软件程序，毫无疑问自己会知道其中的所有内容。现在，假设读者已经完成了一千多行代码的编写，突然需要暂停手头的这个编码工作一个月，转而去专注于其他需要立即关注的项目。一个月之后，当读者重新回到该项目时，极有可能已经忘记了以前编写的代码是如何工作的。缺少关于各个部分的信息或者解释，理解代码将十分困难。从上次离开的地方继续编码并不是一件容易的事情。程序注释的优越性在于，它允许在脚本文件的代码顶部留下一个逻辑性的描述。因此，当读者在较长时间间隔之后再查看以前的语句块时，就可以通过脚本文件的代码顶部留下的程序注释，轻松地了解代码的功能。

2.3.2　帮助其他人阅读代码的注释

假设有一个项目，正在由一个三名编码人员组成的团队开发。这个项目正在顺利进行，突然用户意识到如果要按时完成该项目，至少还需要另外三名编码人员的加入。现在，如果程序代码中没有适当的注释来解释那些复杂的函数，那么用户将不得不暂停手头复杂的工作，以便为新成员提供培训。如果新成员不进行培训，那么他们将很难开始这个项目的开发工作。另外，通过在程序代码中提供注释，可以使新的编码人员更容易理解程序的逻辑。因此，自己的一点小小的注释工作，就可以避免以后的大麻烦。

2.3.3　如何添加程序注释

本小节介绍如何添加程序注释，以帮助自己或他人更好地理解程序代码。添加程序注释的几个要点如下。

（1）为了添加程序注释，只需在注释前面添加符号“#”。示例如下。

```
>>> # Hi I am your first comment :)
```

（2）符号“#”之后的所有内容都将被忽略，并被视为程序注释。示例如下。

```
>>> print("Hello Comments!!")#Don't worry I am a comment and will not be printed
Hello Comments!!
>>>
```

（3）程序注释应该简短而准确。根据 Python 程序设计语言的 PEP8 规范①，如果程序注释太长，请尝试把这些注释拆分成多行。

（4）多行注释包含以下两种类型。

①在每一行代码的前面使用符号“#”。示例如下。

```
#I
#am
#Multiline Comment
```

②把程序注释包括在三重引号中。示例如下。

```
'''
I
am
Multiline Comment
'''
```

（5）三重引号可以添加多行注释。但需要注意的是，从技术上讲，三重引号中的任何内容都是字符串。稍后我们将展开阐述。因此，三重引号内的多行是未分配给变量的字符串。

（6）需要注意的是，程序注释可以出现在行首、空格或者代码之后，但不能出现在字符串字面量中。示例如下。

```
>>> a ='Hello # Comments'
>>> a
'Hello # Comments'
```

因此，如果符号“#”出现在单引号或者双引号之间，那么它将是一个普通字符。

【示例 2-2】

使用程序注释为 wishings() 函数创建一个功能概要描述。代码如下。

```
def wishings():
    #获取想要祝福的人的姓名
    #获取祝福的目的,如生日祝福、圣诞祝福、新年祝福等
    #调用特定的函数,并根据用户指定的姓名送出祝福
```

因此，一旦设计好想要通过 wishings() 函数实现的功能，就可以开始将程序注释转换成如下代码。

---

① 译者注：PEP8（Python Enhancement Proposal #8，第 8 号增强提案）是针对 Python 程序设计语言编订的代码风格指南。

```
def wishings():
    #获取想要祝福的人的姓名
    name = input("Enter the name of the person : ")
    #获取祝福的目的,如生日祝福、圣诞祝福、新年祝福等
    event = input("Enter the event(Birthday/Christmas/New Year):")
    #调用特定的函数,并根据用户指定的姓名送出祝福
    if(event == 'Birthday'):
        print('Happy Birthday {}!!'.format(name))
    elif(event == 'Christmas'):
        print('Merry Christmas {}!!'.format(name))
    elif(event == 'New Year'):
        print('Happy New Year {}!!'.format(name))
    else:
        print('Invalid Entry!!')
wishings()
```

（读者暂时不需要理解这段代码的具体实现。在接下来的章节中，我们将逐步学习所有关于程序编码的知识。）

如上所述，程序注释可以帮助实现程序。我们知道需要采取哪些步骤来创建一段准确并且功能齐全的代码。将程序注释转换成代码后，建议删除任何冗余的注释。

2.3.4　Python 文档字符串和注释

在 Python 中，docstring 代表文档字符串。文档字符串允许程序员向各种模块、函数、类和方法添加快捷信息。如果计划在程序中添加文档字符串，那么它应该是模块、函数、类和方法定义中的第一条语句。docstring 一般阐述函数的功能，而不是该函数是如何工作的。docstring 是一个可以跨越多行的字符串，因此，docstring 是使用三重引号定义的，可能看起来像一个多行注释，但多行注释和文档字符串之间存在很大的技术差异。

三重引号中的多行注释和 docstring 都是字符串。字符串是一个可执行对象，但如果字符串没有被赋给一个变量，那么在代码执行后会被作为垃圾回收。因此，该字符串被用于多行注释。但是，位于函数、类、模块或者方法定义之后的多行字符串不会被解释器忽略，并且可以使用特殊变量进行访问。

请阅读以下代码。

```
def printingMsg():
'''
这个函数定义'sep'参数的重要性
'''
    print('What would you like to have? ')
    print('Rice','lentils','veggies','? ')

print(printingMsg.__doc__)
```

上述代码包含两个打印语句。在函数定义后，立即添加了 docstring 文档字符串（内容为“这个函数定义'sep'参数的重要性”）。最后一个语句 print(printingMsg.__doc__)打印 docstring 的内容。

输出结果如下所示。

```
这个函数定义'sep'参数的重要性
>>>
```

2.4　缩进

代码缩进是 Python 最显著的特性之一。在其他程序设计语言中，开发人员使用缩进来保持代码整洁，而 Python 使用缩进而不是大括号来标记语句块的开头。语句块用于定义函数、条件语句或者循环语句。在 Python 中，通过正确使用空格对齐来创建语句块。所有左侧对齐的语句都属于同一个语句块，如图 2-16① 所示。

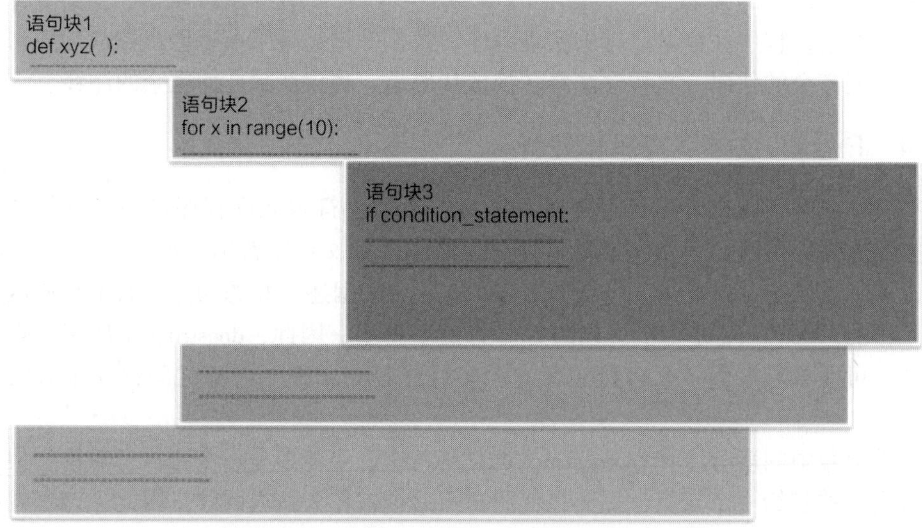
语句块1
def xyz( ):
语句块2
for x in range(10):
语句块3
if condition_statement:

图 2-16　Python 程序设计语言中的缩进格式

关于代码缩进，需要注意以下要点。

（1）语句块的第一行始终以英文半角冒号（:）结尾。

（2）语句块下面的第一行代码需要缩进。图 2-17② 描述了缩进语句块的一个场景。

（3）开发人员通常在第一级语句块中使用 4 个空格，在嵌套语句块中使用 8 个空格，依此类推。

---

① 译者注：原书此处有误，应为图 2-16 而不是图 2-15。

② 译者注：原书此处有误，应为图 2-17 而不是图 2-16。

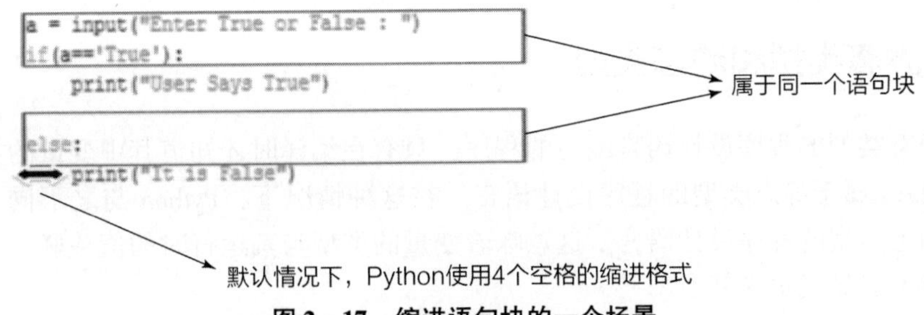

图 2-17　缩进语句块的一个场景

与 C++或 Java 不同，Python 不使用大括号来定义语句块。相反，它使用代码缩进来实现这一目的。一个语句块以缩进开始，第一个未缩进的行结束该语句块，如图 2-16 所示。缩进的意思是在代码行的前面使用空格或制表符。同一个语句块中的所有语句采用相同的缩进方式，属于同一组，称为语句块（suites）。如果代码缩进不正确，将显示语法错误，如图 2-18 所示。

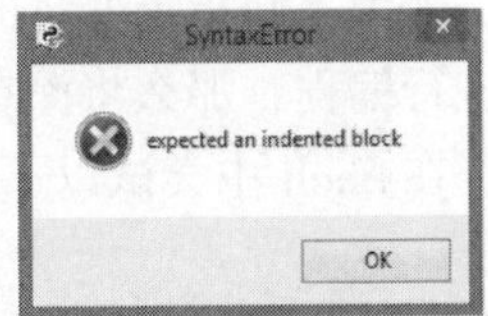

图 2-18　当代码缩进出现问题时显示语法错误

2.5　常量

顾名思义，常量指的是不变的值。例如，地球重力加速度始终为 9.8 m/s^2，闰年始终为 366 天，一周始终为 7 天，π 始终为 22/7 等。

与变量一样，Python 中没有声明常量的关键字。与变量一样，常量也通过以下方式创建。

（1）常量的名称。

（2）赋值运算符“=”。

（3）一个值。

下面开始声明常量。请查看以下示例。

```
DAYS_OF_A_WEEK = 7
LEAP_YEAR = 366
FEBRUARY_LEAP_YEAR = 29
NORMAL_BODY_TEMP_F = 98.6
NORMAL_BODY_TEMP_C = 37
```

建议使用大写字母来声明常量。

与变量不同，常量存储不变的值。在使用 Python 时，代码中很少使用常量。通常在一个不同的文件中声明和赋值常量。因此，我们可以创建一个单独的文件，将其命名为“constants.py”，在其中定义所有必要的常量，并且在需要的时候，可以在主代码中导入“constants.py”文件。

2.6 静态类型和动态类型

用静态类型的程序设计语言编写的程序，只有在编译时才知道其中变量的类型。C、C++和 Java 属于静态类型的程序设计语言。在这种情况下，Python 与之不同，因为它是一种动态类型的程序设计语言。这意味着变量的类型与其运行时的值关联，并且在编写程序时不必显式定义其类型。

作为一名程序员，使用 Python 程序设计语言编写代码将是一件非常轻松快捷的事情，因为不必指定变量的数据类型。如果读者曾经使用过 C、C++和 Java 程序设计语言进行编程，那么将深有体会。

在 Shell 中尝试以下示例。

```
#将一个整数值赋给变量 a
>>> a = 98
>>> type(a)
<class'int'>
#将一个字符串值赋给变量 b
>>> b = 'hi'
>>> type(b)
<class'str'>
#将一个浮点数值赋给变量 c
>>> c = 9.76
>>> type(c)
<class'float'>
>>>
```

在上述示例中，我们可以发现，将一个整数值 98 赋给变量 a 后，当检查变量 a 的类型时，输出结果为<class 'int'>，这表明变量 a 包含一个整数值。类似地，将一个字符串值 hi 赋给变量 b 时，变量的类型显示为<class 'str'>；值为 9.76 的变量 c 的类型为<class 'float'>。

2.7 数据类型

本节简要介绍 Python 程序设计语言的数据类型。在本书中，将以单独的章节专门介绍每种数据类型，以便深入讨论这些数据类型。

在学习 Python 程序设计语言的数据类型之前，理解可变对象和不可变对象的含义非常重要。可变对象的值在创建后可以更改。对于不可变对象，情况并非如此。不可变对象的值一旦创建就不能更改。当需要更改对象的大小或者内容时，建议使用可变对象。

关于不可变对象的例外：元组是不可变对象，但可能包含可变的元素。

接下来，列举 Python 中各种不同的数据类型，如表 2-2 所示。

表 2-2 Python 中各种不同的数据类型

数据类型	说明	示例

数值	整数、浮点数、复数，具体请参见第 3 章	#整数
		>>> a = 5
		>>> type(a)
		<class 'int'>
		#浮点数
		>>> b = 8.6
		>>> type(b)
		<class 'float'>
		#复数
		>>> c = complex(6,7)
		>>> type(c)
		<class 'complex'>
		>>>

布尔	True、False①，具体请参见第 3 章	#True
		>>> a = True
		>>> type (a)
		<class 'bool'>
		#False
		>>>b = False
		>>> type (b)
		<class 'bool'>

字符串	可变的有序字符序列，具体请参见第 4 章	#字符序列
		>>> name = 'Meenu Kohli'
		>>> type (name)
		<class 'str'>

列表	可变的有序对象序列，具体请参见第 5 章	>>> l1 =
		['p', 'y', 't', 'h', 'o', 'n']
		>>> type (l1)
		<class 'list'>

元组	不可变的有序对象序列，具体请参见第 6 章	>>> t1 = (1, 2, 3, 4, 5)
		>>> type (t1)
		<class 'tuple'>

① 译者注：原书有误，应为 False。

续表

数据类型	说明	示例

集合	可变的无序不重复对象的集合，具体请参见第 7 章	`>>> alphabets = {'a', 'b', 'c', 'd', 'e'}`
		`>>> type (alphabets)`
		`<class 'set'>`

不可变集合	不可变的无序不重复对象的集合，具体请参见第 7 章	`>>> alphabets = frozenset ( ('a', 'b', 'c', 'd', 'e'))`
		`>>> type (alphabets)`
		`<class 'frozenset'>`

字典	无序的键－值对的集合，具体请参见第 6 章	`>>> child = {'name': 'Michelle', 'age': 2}`
		`>>> type (child)`
		`<class 'dict'>`

2.8　Python 中的语句

Python 中的语句主要可以分为以下 6[①] 种类型。

（1）表达式语句：表达式语句由变量、值和运算符组成，如 x = y + 9。

（2）断言语句：断言语句用于在测试时查找错误。我们将在第 6 章（高级核心 Python 程序设计）中学习这些语句。

（3）赋值语句：赋值语句由变量、值和赋值运算符组成。在赋值语句中，变量被赋值。赋值语句必须至少包含一个等于运算符“ = ”。

（4）复合赋值语句：复合赋值语句在等于运算符“ = ”之前还有一个运算符，如 +=、*=、/=[②]等。

（5）del[③] 语句：del 语句用于删除变量或者对象。

（6）import[④] 语句：规模较大的程序会拆分为不同的模块，所有模块都具有“. py”扩展名。如果需要与特定模块交互，那么需要在脚本文件中导入该模块。

① 译者注：原书此处有误，应该是 6 种，而不是 5 种。

② 译者注：原书此处有误，“ += ”描述重复。

③ 译者注：原书此处有误，Python 命令是小写的。

④ 译者注：原书此处有误，Python 命令是小写的。

本章要点

Python 的交互模式包括 Python 内置的 GUI 环境，称为集成开发和学习环境（IDLE）。其窗口也被称为 Python 解释器或者 Shell。

- 脚本模式允许用户使用扩展名为“.py”的文件编写和保存源文件或者脚本。
- Python 程序可以使用任何文本编辑器编写。
- 关键字。
  - 关键字也称为保留字。
  - 关键字不能用作任何变量、类或者函数的名称。
  - 关键字都是小写字母。
  - 关键字构成 Python 中的词汇表。
  - Python 语言共包括 33 个关键字。
- 标识符。
  - Python 标识符是为变量、函数或者类指定的名称。
  - 标识符为变量、函数或者类提供标识。
  - 标识符名称以大写字母、小写字母或者下划线开头，后跟字母和数字。
  - 标识符名称不能以数字开头。
  - 标识符名称只能包含字母、数字和下划线。
  - 标识符名称不能包含特殊字符，如@、%、!、#、$、.等。
  - 根据命名约定，通常类名以大写字母开头，程序中的其他标识符则以小写字母开头。
  - 如果标识符以一个下划线开头，那么该标识符是私有的，标识符名称前面的两个前导下划线表示它是强私有的。
  - 避免在标识符中使用下划线作为前导或者尾随字符，因为 Python 内置类型使用此符号。
  - 如果标识符前后都有两个尾随下划线，则该标识符是 Python 程序设计语言定义的一个特殊名称。
  - 虽然 Python 标识符的长度没有限制，但标识符的名称超过 79 个字符会违反 PEP8 标准，该标准要求所有行的长度最多为 79 个字符。
- 变量。
  - 变量是一种标识符的类型。
  - 变量只不过是一个标签，该标签用于保存值的内存位置。
  - 变量的值是可以改变的。
  - 不需要在 Python 程序中声明变量，但必须在使用前对其进行初始化。例如：counter = 0。
  - 通过赋值，可以在变量和对象之间建立关联。

- 字面量：字面量是赋给变量或者常量的原始数据。
- 分隔符：分隔符是一个或者多个字符的组合或者序列，用于指定纯文本或者其他数据流中各个部分之间的边界。
- 运算符：运算符是用于执行算术运算或者逻辑运算的符号。
- Python 中的单行注释以“#”符号开头。
- 多行注释可以使用三重引号引起来，或者在每行以“#”符号开头。
- 注释可以出现在行首、空格或者代码之后，但不能出现在字符串字面量中。
- 字符串字面量中的“#”符号仅表示该字符。
- 强烈建议使用注释为代码提供说明文档。
- Python 需要代码缩进来标记语句块的开头。
- 语句块以缩进开始，在非缩进的行结束。
- 不正确的缩进将导致语法错误。
- 用静态类型的程序设计语言编写的程序在编译时（而不是在运行时）执行类型检查。
- 用动态类型的程序设计语言编写的程序在运行时（而不是在编译时）执行类型检查。
- 可变对象。
    - 可以更改其状态或者内容。
    - 数据类型：列表、字典、集合。

本章结论

在本章中，我们学习了 Python 的基础知识，这些知识对于 Python 程序设计是必不可少的。成为一个高效的程序员，前提条件是必须打下牢固的 Python 程序设计基础，因此需要有一个单独的章节来阐述这些重要的 Python 程序设计规则。在学习了 Python IDLE、标记符、程序注释、代码缩进等之后，我们开始下一步的学习。

本章习题

一、选择题

1. Python 源代码文件的后缀是什么？（　　）

a. “. pf”　　b. “. py”　　c. “. pyt”　　d. “. p”

2. print( ) 函数的作用是什么？（　　）

a. 给打印机发送一个打印命令　　b. 在 Web 浏览器中显示一条信息

c. 在屏幕上显示一条信息　　d. 以上选项都不正确

3. 以下哪一个选项是在 Python 中内置的交互式 Shell 的 GUI 名称？（ ）

a. Turtle b. GUIshell c. IDLE d. Pycharm

4. 以下哪一个选项是非法的变量名？（ ）

a. __init__ b. to c. on d. in

5. 以下哪一个选项是无效的赋值语句？（ ）

a. 9bjhg = 8 b. _h = 8 c. _k__ = 8 d. j__ = 7

6. 以下哪一个选项是无效的赋值语句？（ ）

a. 6a = 10 b. 6_a = 10 c. a_6 = 10 d. a/6 = 10

7. 以下哪一个选项是正确的？（ ）

a. Name, place, animal = "Alex";"London";"Pig"①

b. Name, place, animal = "Alex":"London":"Pig"

c. Name, place, animal = "Alex","London","Pig"

d. Name, place, animal = "Alex" "London" "Pig"

8. 以下哪一个选项是非法的变量名？（ ）

a. my_ name = 'Meenu' b. my - name = 'Meenu'

c. 21myAge = 'Meenu' d. 以上选项都不正确

9. 以下哪一个选项是使用同一个值来初始化多个变量的正确方法？（ ）

a. a = b : 10 b. a : b : c = 10②

c. a = b = c = 10; d. a, b, c = 33

10. 在 Python 程序设计语言中，程序注释以哪一个符号开头？（ ）

a. # b. /*

c. // d. 以上选项都不正确

11. 以下哪一个选项是程序注释？（ ）

a. #Hi b. 'Hi' c. '''Hi''' d. a & c

12. 以下哪一个字符用于标记程序注释的开头？（ ）

a. * b. / c. # d. <%

13. Python 是什么类型的程序设计语言？（ ）

a. 动态类型的程序设计语言 b. 静态类型的程序设计语言

c. 自动类型的程序设计语言 d. 以上选项都正确

参考答案：

1. b 2. c 3. c 4. d 5. a 6. c 7. c 8. a 9. c 10. a 11. a③ 12. c 13. a

---

① 译者注：原书选项 a 与选项 c 重复、选项 b 与选项 d 重复，此处译者修改了选项 a 和选项 b 的内容。

② 译者注：原书中此处赋值语句是正确的，鉴于本题答案是 c，故将语句改错。

③ 译者注：原书此处有误，正确答案应该是 a。

二、是非题

1. Python 的标识符是区分大小写的。

2. Python 没有限定标识符的最大可能长度。

3. 变量名可以是保留字，如 True、False、none、class、if、else、while 等。

4. 变量名可以具有任意的长度。变量名可以包含字母和数字，但不能以数字开头。请问以上叙述是对还是错？

参考答案：

1. 正确　2. 正确　3. 错误　4. 正确

三、填空题

1. my name 不是合法的变量名，因为变量名中不能包含________。

参考答案：空格。

2. Python 包含两种工作模式：________和________。

参考答案：交互模式和脚本模式。

3. 变量是存储值的________或者________的名称。

参考答案：内存位置、内存地址。

4. 如果在程序编译时就已知变量的数据类型，则该程序设计语言为________。

参考答案：静态类型。

5. 如果数据类型在程序运行时与值关联，则称该程序设计语言为________。

参考答案：动态类型。

6. Java、C 和 C++ 是________程序设计语言的例子。

参考答案：静态类型。

7. Rust、Go、Scala 是________程序设计语言的例子。

参考答案：静态类型。

四、简答题

1. 变量名可以以下划线开头吗？

参考答案：可以。

2. 如何退出 Python 交互模式？

参考答案：用户可以使用“Ctrl + D”组合键或者 exit( ) 命令退出 Python 交互模式。

3. 什么是程序注释？

参考答案：程序注释是一条或者多条语句，用于提供有关程序中代码段的文档或者信息。在 Python 中，单行注释以“#”符号开头。

4. 为他人添加程序注释的最佳实践方法是什么？

参考答案：采用简单的英文添加程序注释，以帮助其他开发人员理解自己编写的代码。

5. Python 是动态类型的程序设计语言吗？

参考答案：是的，Python 是动态类型的程序设计语言，因为在代码中声明变量时不需要指定变量的类型。在执行代码时，才能确定变量的类型。

6. 对比动态类型的程序设计语言，静态类型的程序设计语言具有什么优势？

参考答案：在静态类型的程序设计语言中，由于编译器完成了各种检查，因此在早期就可以捕获所有的小错误。

7. 对比静态类型的程序设计语言，动态类型的程序设计语言具有什么优势？

参考答案：动态类型的程序设计语言允许程序员更快地编写代码，因为不需要反复指定变量的类型。

8. Java 是静态类型的程序设计语言，Python 是动态类型的程序设计语言。这导致二者有什么区别？

参考答案：采用 Python 编写代码时，不需要声明变量的类型。这使得 Python 程序易于编写和阅读，但分析起来很困难。开发人员可以更快地编写代码，并且可以使用更少的代码行完成任务。使用 Python 开发应用程序比用 Java 开发应用程序快得多。然而，Java 的静态类型系统可以减少程序中的错误。

9. 以下哪些对象是可变的？哪些对象是不可变的？

（1）整数。

（2）浮点数。

（3）字符串。

（4）元组。

（5）不可变集合。

（6）集合。

（7）列表。

（8）字典。

参考答案：不可变对象有整数、浮点数、字符串、元组和不可变集合。可变对象有集合、列表和字典。

五、论述题

1. 交互模式和脚本模式之间的区别是什么？

参考答案：如果在交互模式下工作，则无法保存命令，而且代码的输出夹杂在输入的各个命令之间。用户可以使用脚本模式保存代码，并且可以随时执行所保存的代码。

2. Python IDLE 有哪些优点？

参考答案：Python IDLE 具有以下优点。

（1）采用交互模式。

（2）是用于编写程序和运行程序的工具。

（3）包含一个文本编辑器，该文本编辑器用于处理脚本。

3. 安装好 Python 后，我们如何开始编写代码？

参考答案： 安装好 Python 后，有以下三种方法帮助用户开始编写代码。

（1）用户可以从命令行启动交互式解释器，并在“>>>”提示符后开始编写指令。

（2）如果用户打算编写多行代码，那么建议用“.py”扩展名保存源文件或者脚本。用户可以从命令行执行这些事先保存好的脚本文件。多行程序也可以在交互式解释器上执行，但效率不高。

（3）Python 也有自己的 GUI 环境，即 Python IDLE。它可以帮助程序员更快地编写代码，因为它支持自动缩进，并以不同的颜色突出显示关键字。Python IDLE 还提供了一个交互式环境。Python IDLE 包含两个窗口：Shell 提供了一个交互式环境，而 Python 编辑器则允许在执行其中所编写的代码之前保存脚本。

4. 交互式 Shell 的功能是什么？

参考答案： 交互式 Shell 位于用户给出的命令和操作系统的执行之间。它允许用户使用简单的 Shell 命令，用户不必为操作系统复杂的基本功能而烦恼。这还可以防止操作系统不正确地使用系统功能。

5. 一个好的变量名应该具备哪些特征？所有用户是否都必须遵守这些惯例？

参考答案： 一个好的变量名具有以下特征。

（1）变量具有一个有意义的名称。

（2）变量名表示变量在代码中的用途。

（3）变量名以小写字母开头。

（4）变量名可以以下划线开头，以提示程序员该名称仅供内部使用。

（5）理想情况下，建议变量名使用蛇形命名法（snake case），即使用下划线分隔组成变量名的各个单词，如 my_name、employee_id 等。然而，有时程序员更喜欢驼峰命名法（camel case），如 myName、employeeId 等。PEP8 推荐在 Python 程序设计中使用蛇形命名法。

不强制所有的用户都遵循这些惯例。这些只是 PEP8 推荐的最佳实践。

6. 如何一次性将同一个值赋给多个变量？

参考答案： 同一个值可以一次性赋给多个变量，示例如下。

```
>>> a = b = c = "Hello World!!!"
>>> a
'Hello World!!!'
>>> b
'Hello World!!!'
>>> c
'Hello World!!!'
>>>
```

7. Python 中的变量是什么？

参考答案： Python 中的变量是存储值的保留内存位置。无论何时创建变量，都会在内存中保留一些空间。根据变量的数据类型，Python 解释器将分配相应的内存并决定内存中应存储的内容。示例如下。

```
>>> a = 9   # 将整数值 9 赋值给变量 a
>>> type(a)# 检测一下变量 a 的数据类型
<class'int'>
>>>
```

8. 对变量多重赋值进行简短说明。

参考答案： 用户可以在一行代码中为多个变量赋值。

例如：a，b，c =7，3，2。

结果将有如下设置：a =7，b =3 和 c =2。

如果要在一行中为多个变量指定相同的值，用户可以按照以下方式执行：

a = b = c =9

结果将有如下的设置：a =9、b =9 和 c =9。

9. 在 Python 中，如果尝试在表达式或者语句中使用未定义的变量，则会发生什么情况？

参考答案： 将生成 NameError 错误，示例如下。

```
>>> s = 9
>>> print(t)
Traceback (most recent call last):
   File "<pyshell#25>", line 1, in <module>
     print(t)
NameError: name 't' is not defined
```

10. 标识符和变量之间的区别是什么？

参考答案： 标识符和变量之间的区别如表 2－3 所示。

表 2－3　标识符和变量之间的区别

标识符	变量
用于在执行时唯一地标识程序中的实体	存储值的内存位置的名称
标识符的类型包括变量、函数、对象、类和模块	变量只是标识符的一种类型

11. 如果变量名以下划线开头，这意味着什么？

参考答案： 如果变量名以下划线开头，将提示程序员只能在内部使用该变量。Python 中不存在私有变量的概念。因此，特殊变量的指示由前导下划线给出。

12. Python 程序设计语言中的保留字是什么？

参考答案： Python 程序设计语言包含 33 个保留字（关键字），这些保留字不能用作常量、变量或者任何其他标识符的名称（表 2-4）。

表 2-4　Python 程序设计语言中的保留字

and	exec	not	assert	finally①
False	or	break	for	pass
class	from	print	continue	global
raise	def	if	return	del
True	import	try	elif	in
while	none	else	is	with
except	lambda	yield	—	—

13. 为什么在代码中添加程序注释很重要？

参考答案： 请参阅 2.3.1 小节和 2.3.2 小节。

14. 程序注释的目的是什么？执行代码时，为什么屏幕上不会显示程序注释？

参考答案： 程序注释的目的是向程序员解释代码。程序注释提供了一种方法来确保用户的代码容易被其他人理解。执行程序时，Python 不会解释程序注释，因此不会显示程序注释。

15. 描述使用 Python 程序设计语言编写程序注释时的最佳实践方法。

参考答案： 到目前为止，我们已经了解了程序注释的重要性，以及如何使用 Python 程序设计语言编写程序注释。同样重要的是，需要确保程序注释通俗易懂。

在代码中使用程序注释的最佳实践方法之一是使用程序注释创建框架。有时用户会怀疑代码的结果。在这种情况下，程序注释可以用于跟踪程序中逻辑的实现。例如，可以使用程序注释为伪代码中的函数创建框架。

16. 请阅读以下代码，并通过阅读程序注释在其下方填写相应的实现代码。

```
>>> #Define a variable named semester and assign it the value 'I'
>>>
>>> #Define a variable num_of_subjects and assign it the value 6
>>>
>>> #Display type of semester
>>>
>>> #Display type of num_of_subjects
>>>
```

① 译者注：原书此处有误，这个表格第一行的 5 个单词首字母必须小写。请注意 Python 中的大、小写含义不同。

参考答案：

```
>>> #Define a variable named semester and assign it the value 'I'
>>> semester = 'I'
>>> #Define a variable num_of_subjects and assign it the value 6
>>> num_of_subjects = 6
>>> #Display type of semester
>>> type(semester)
>>> #Display type of num_of_subjects
>>> type(num_of_subjects)
```

17. Python 程序设计语言中的缩进与 Java 程序设计语言中的缩进有什么区别？

参考答案：对于 Java 程序设计语言，缩进只是为了保持代码整齐。Java 使用大括号({})来定义代码块，而同样的任务在 Python 中是借助缩进完成的。Python 需要使用缩进来标记一个代码块的开始，并以第一条非缩进的语句表示前一个代码块的结束。

18. 指出以下哪些语言是静态类型的程序设计语言，哪些语言是动态类型的程序设计语言。

(1) Perl。

(2) C++。

(3) C。

(4) Ruby。

(5) Python。

(6) Rust。

(7) Go。

(8) PHP。

(9) JavaScript。

(10) Scala。

参考答案：各种程序设计语言的类型如表 2-5 所示。

表 2-5 各种程序设计语言的类型

程序设计语言	静态类型/动态类型	程序设计语言	静态类型/动态类型
Perl	动态类型	Rust	静态类型
C++	静态类型	Go	静态类型
C	静态类型	PHP	动态类型
Ruby	动态类型	JavaScript	动态类型
Python	动态类型	Scala	静态类型

19. 叙述动态类型的程序设计语言的有关知识。

参考答案：Python 程序语言是动态类型的程序设计语言。在编码时不会声明变量，也不会将变量绑定到任何特定的数据类型。例如：

```
>>> a = 'Apple'
>>> print(a)
Apple
>>> a = 6.9
>>> print(a)
6.9
>>>
```

第3章

数值、运算符和内置函数

程序设计就是通过使用各种运算符实现运算逻辑。在本章中，我们将学习 Python 中的数值（数据类型）、运算符和一些非常重要的内置函数，这些函数可以用于 Python 程序设计。

本章组织结构

- Python 中的数值
- 布尔变量和表达式，以及将布尔值转换为整数，将整数转换为布尔值的方法
- 运算符
  - 算术运算符以及 Python 语言中算术运算符的优先级
  - 关系运算符
  - 逻辑运算符：逻辑与（and）运算符、逻辑或（or）运算符和逻辑非（not）运算符
  - 赋值运算符
  - 位运算符（按位与、按位或、按位异或、按位求反、按位左移、按位右移）
  - 成员关系运算符
  - 标识运算符（identity operator，又称为恒等运算符、身份运算符）
  - 运算符的优先级和结合性
- 数学运算符的内置函数，以及将数值从一种类型转换为另一种类型的函数
- 数学模块（数学函数和三角函数）
- 随机数的使用方法
- 浮点数的表示和相等性的判断
- 语句（简单语句和复合语句）
- 日期模块和时间模块

本章学习目标

阅读本章后，读者将掌握以下知识点。

- 数值数据类型。
- 各种运算符，用于执行以下运算操作。
  - 算术运算。
  - 关系运算。
  - 逻辑运算。
  - 位运算。
  - 成员关系运算。
  - 标识运算。
- 使用以下三个重要的 Python 模块。
  - 数学模块。
  - 随机数模块。
  - 日期/时间模块。

3.1 Python 中的数值

在 2.7 节中，我们简要介绍了 Python 中的数据类型。在本章中，我们将全面讨论数值（数据类型）及其应用。Python 支持三种类型的数值——整数、浮点数、复数，如图 3-1 所示。

图 3-1 Python 中的数值类型

整数属于 int 类。整数可以是正数，也可以是负数，并且整数没有小数点。在 Python 中，整数的大小可以是无限的。256 是一个整数，-28 889 000 也是一个整数。浮点数属于 float 类。浮点数是带小数点的实数。复数属于 complex 类。复数的形式为 a+bj，其中 a 和 b 为实数，j 为虚部。

【例 3.1】

把数值赋给变量，并检查其类型（建议读者在 Shell 中尝试本节提供的所有示例）。

```
>>> # 将一个整数赋给变量 num1
>>> num1 = 5
```

```
>>> # 显示 num1 的值
>>> print(num1)
5
>>> # 检查 num1 的类型
>>> type(num1)
<class 'int'>
>>> # 将一个浮点数赋给变量 num2
>>> num2 = 8.96
>>> # 显示 num2 的值
>>> print(num2)
8.96
>>> # 检查 num2 的类型
>>> type(num2)
<class 'float'>
>>> # 将一个复数赋给变量 num3
>>> num3 = complex(8,9)
>>> # 显示 num3 的值
>>> print(num3)
(8 +9j)
>>> # 检查 num3 的类型
>>> type(num3)
<class 'complex'>
>>> # 显示 num3 的实部
>>> print(num3.real)
8.0
>>> # 显示 num3 的虚部
>>> print(num3.imag)
9.0
>>>
```

3.2 布尔变量和表达式

Python 语言中的布尔变量只能为以下两个值：True 和 False。布尔值总是采用驼峰命名法书写，这意味着单词 True 和 False 的第一个字母总是大写，后跟小写字母。请注意，数值 1 是等价于值为 True 的整数，类似地，0 是等价于值为 False 的整数。常量 none 表示值不存在。

注意：

Python 将所有非零对象均视为 True。

表 3－1 显示了各种数据类型及其与布尔值等价的值。

表 3－1　数据类型及其与布尔值等价的值

数据类型	布尔值
整数	0 等价于 False，1 等价于 True
浮点数	不等于 0.0 的浮点数等价于 False，等于 0.0 的浮点数等价于 True①
字符串、列表和元组	如果为空，那么等价于 False；否则等价于 True
字段、集合	如果为空，那么等价于 False；否则等价于 True

布尔值和整数的相互转换示例如下。

```
#将布尔值转换为整数值
>>> a = True
>>> b = False
>>> c = int(a)
>>> d = int(b)
>>> a
True
>>> b
False
>>> c
1
>>> d
0
#将整数值转换为布尔值
>>> a = 1
>>> b = 0
>>> c = bool(a)
>>> d = bool(b)
>>> a
1②
>>> b
0
>>> c
True
>>> d
False
>>>
```

3.3　运算符

顾名思义，运算符是对数据执行各种操作所需的符号。运算符是用于执行算术运算

① 译者注：原书表达不准确，译者做了完善。

② 译者注：原书此处有误，这里应该是输出并查看变量 a 的值。

和逻辑运算的特殊符号。运算符所操作的值称为操作数。运算符和操作数的示意如图 3－2 所示。

因此，有如下的计算表达式：10/5＝2。

这里，“/”是执行除法的运算符，10 和 5 是操作数。Python 为各种操作定义了以下不同的运算符。

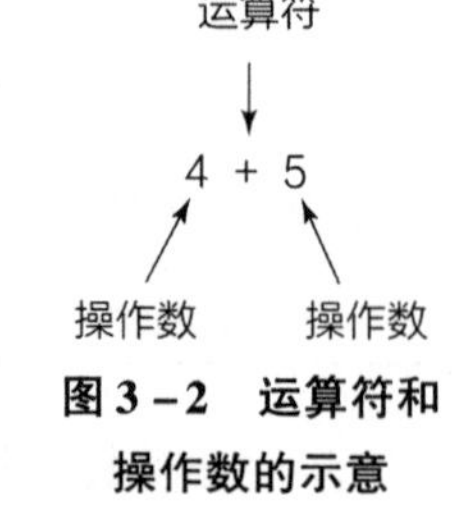

图 3－2　运算符和操作数的示意

（1）算术运算符。

（2）关系运算符。

（3）逻辑运算符。

（4）赋值运算符。

（5）位运算符。

（6）成员关系运算符。

（7）标识运算符。

3.3.1　算术运算符

在开始使用第一组运算符（算术运算符）之前，建议读者先浏览表 3－2，表中描述了算术运算符及其用途。对于在数学课上已经学习了表 3－2 中大部分知识的读者而言，会觉得在 Python 中先学习这些运算符非常简单。

表 3－2　算术运算符及其用途

运算符	用途
+	加法
-	减法
/	除法
//	向下取整除（floor division）或者整数除法（integer division），结果总是返回整数
*	乘法
**	乘幂
%	模数（mod）。取模运算是求两个数相除的余数

注意：

与 C++和 Java 不同，Python 中没有提供递增运算符（++）或者递减运算符（--）。

【例 3.2】

以下代码片段演示了算术运算符的用法。首先为两个变量 a 和 b 赋值，然后对这些变量执行算术运算。

```
>>> a = 1
>>> print('a = ',a)
```

```
a = 1

>>> b = 2
print('b = ',b)
b = 2

>>> #加法
>>> s = a + b
>>> print('a + b = ',s)
a + b = 3

>>> #减法
>>> d = a - b
>>> print('a - b = ',d)
a - b = -1

>>> #除法
>>> div = a /b
>>> print('a /b = ',div)
a /b = 0.5

>>> #向下取整除或者整数除法,结果总是返回整数
>>> fd = a //b
>>> print('a //b = ',fd)
a //b = 0

>>> #乘法
>>> p = a * b
>>> print('a * b = ',p)
a * b = 2

>>> #乘幂
>>> e = a * * b
>>> print('a * * b = ',e)
a * * b = 1

>>> #模数(mod)。取模运算是求两个数相除的余数
>>> md = a % b
>>> print('a % b = ',md)
a % b = 1
```

Python 中算术运算符的优先级如下。

当一个表达式中出现多个算术运算符时，运算将按特定顺序执行。在 Python 中，运算符的优先级遵循以下首字母缩略词 PEMDAS 规则。

（1）P：括号。

（2）E：乘幂。

（3）M：乘法。

（4）D：除法。

（5）A：加法。

（6）S：减法。

例如，表达式为(2 +2)/2 -2 * 2/(2/2) * 2 =4/2 -4/1 * 2 =2 -8 = -6。

现在，请读者在 Shell 中尝试如下示例，并查看结果。

```
>>> ( 2 + 2) /2 - 2 * 2 /(2 /2) * 2
-6.0
```

3.3.2　关系运算符

关系运算符也称为条件运算符或者比较运算符。关系运算符用于比较两个值，并根据条件返回 True 或者 False。

表 3 -3 所示为 Python 中的关系运算符及其用途。

表 3 -3　关系运算符及其用途

运算符	用途
==	如果两个操作数相等，则返回 True；否则返回 False
!=	如果两个操作数不相等，则返回 True；否则返回 False
>	如果左侧操作数大于右侧操作数，则返回 True；否则返回 False
<	如果左侧操作数小于右侧操作数，则返回 True；否则返回 False
>=	如果左侧操作数大于或者等于右侧操作数，则返回 True；否则返回 False
<=	如果左侧操作数小于或者等于右侧操作数，则返回 True；否则返回 False

【例 3.3】

以下代码片段演示了关系运算符的用法。首先为 4 个变量 a，b，c 和 d 赋值，然后对这些变量应用关系运算符。

```
>>> #定义变量
>>> a = 5
>>> b = 5
>>> c = 4
>>> d = 6
>>> print('a = ',a)
a = 5
>>> print('b = ',b)
b = 5
>>> print('c = ',c)
c = 4
```

```
>>> print('d = ',d)
d = 6

>>> #使用运算符==,检查两个操作数是否相等
>>> print('a == b is', a == b)
a == b is True
>>> print('a == c is', a == c)
a == c is False
>>>

>>> #使用运算符!=,检查两个操作数是否不相等
>>> print('a != b is', a == b)
a != b is True
>>> print('a != c is', a == c)
a != c is False
>>>

>>> #使用运算符>,检查左侧操作数是否大于右侧操作数
>>> print('a > b is', a > b)
a > b is False
>>> print('a > c is', a > c)
a > c is True
>>> print('a > d is', a > d)
a > d is False

>>> #使用运算符<,检查左侧操作数是否小于右侧操作数
>>> print('a < b is', a < b)
a < b is False
>>> print('a < c is', a < c)
a < c is False
>>> print('a < d is', a < d)
a < d is True

>>> #使用运算符>=,检查左侧操作数是否大于或者等于右侧操作数
>>> print('a > b is', a >= b)
a > b is True
>>> print('a > c is', a >= c)
a > c is True
>>> print('a > d is', a >= d)
a > d is False

>>> #使用运算符<=,检查左侧操作数是否小于或者等于右侧操作数
>>> print('a <= b is', a <= b)
a <= b is True
>>> print('a <= c is', a <= c)
a <= c is False
>>> print('a <= d is', a <= d)
a <= d is True
>>>
```

3.3.3 逻辑运算符

逻辑运算符通常用于控制语句（如 if 语句和 while 循环，控制语句用于控制程序流程）。逻辑运算符通过计算条件表达式的值，并根据条件表达式的计算结果是真还是假来返回 True 或者 False。Python 语言中包含以下 3 个逻辑运算符。

（1）and（逻辑与）。

（2）or（逻辑或）。

（3）not（逻辑非）。

条件表达式是运算结果取值为正确（True）或者错误（False）的语句，通常使用逻辑运算符来计算条件表达式的结果（特别是在使用 if 语句和 while 循环的情况下，关于这一点将在第 8 章中进一步讨论）。运算符 and 和 or 均需要两个操作数，结果返回 True 或者 False。

1. and（逻辑与）运算符

如果两个表达式都为 True，那么逻辑与运算符的计算结果将返回 True。即使其中有一个表达式为 False，结果也将返回 False。

表 3 -4 演示了逻辑与运算符的工作方式。如果 A 和 B 是两个操作数，则对于 A 和 B 取值的各种组合，逻辑与运算符的真值表如表 3 -4 所示。

表 3 -4　逻辑与运算符的真值表

A	B	(A and B)
True	True	True
False	True	False
True	False	False
False	False	False

假设有以下 4 个变量。

```
a = 5
b = 5
c = 4
d = 6
```

现在，借助这 4 个变量讨论以下几个案例。

案例一：

（1）a =5 且 b =5，因此 a == b 的结果为 True。

（2）a =5 且 c =4，因此 a == c 的结果为 False。

（3）从表3－4可以看出，如果A为True且B为False[①]，那么A and B的结果为False。

（4）因此，(a==b) and (a==c)的结果为False。

案例二：

（1）a=5且b=5，因此a==b的结果为True。

（2）a=5且c=4，因此a!=c的结果为True。

（3）从表3－4可以看出，如果A为True且B为True，那么A and B的结果为True[②]。

（4）因此，(a==b) and (a!=c)的结果为True。

现在，在Shell中尝试上面给出的案例信息。请将运行结果与上面案例中显示的信息进行比较，结果如下所示。

```
>>> a = 5
>>> b = 5
>>> c = 4
>>> d = 6
>>> #逻辑与运算符
>>> print('(a == b)and(a == c) is', a == b and a == c)
(a == b)and(a == c) is False
>>> print('(a == b)and(a != c) is', a == b and a != c)
(a == b)and(a != c) is True
```

2. or（逻辑或）运算符

如果存在任意一个表达式为True，那么逻辑或运算符的计算结果返回True。只有当两个表达式的计算结果均为False时，逻辑或运算符的计算结果才会返回False。

逻辑或运算符的真值表如表3－5所示。

表3－5　逻辑或运算符的真值表

A	B	(A or B)
True	True	True
False	True	True
True	False	True
False	False	False

假设有以下4个变量。

① 译者注：此处原著有误，根据and运算符案例一的描述，此处为“A为True且B为False”。

② 译者注：此处原著有误，根据and运算符案例二的描述，此处为“A为True且B为True，那么A and B的结果为True”。

```
a = 5
b = 5
c = 4
d = 6
```

现在，借助这 4 个变量讨论以下几个案例。

案例一：

（1）a = 5 且 b = 5，因此 a == b 的结果为 True。

（2）a = 5 且 c = 4，因此 a == c 的结果为 False。

（3）从表 3 – 5 可以看出，如果 A 为 True 且 B 为 False①，那么 A or B 的结果为 True。

（4）因此，(a == b) or (a == c)的结果为 True。

案例二：

（1）a = 5 且 c = 4，因此 a == c 的结果为 False。

（2）a = 5 且 d = 6，因此 a == d 的结果为 False。

（3）从表 3 – 5 可以看出，如果 A 为 False 且 B 为 False，那么 A or B 的结果为 False。

（4）因此，(a == c) or (a == d)的结果为 False。

在 Shell 中尝试上面关于逻辑或运算符的案例，并将结果与以下的代码片段进行比较。

```
>>> a = 5
>>> b = 5
>>> c = 4
>>> d = 6

>>> #逻辑或运算符
>>> print('(a == b)or(a == c) is', a == b or a == c)
(a == b)or(a == c) is True
>>> print('(a == c)or(a == d) is', a == c or a == d)
(a == c)or(a == d) is False
```

3. not（逻辑非）运算符

逻辑非运算符的真值表如表 3 – 6 所示。逻辑非运算符只是对真值表中的表达式求反。

表 3 – 6　逻辑非运算符的真值表

A	not A
True	False
False	True

① 译者注：此处原著有误，根据 or 运算符案例一的描述，此处为“A 为 True 且 B 为 False”。

案例一：

（1）a=5且b=5，因此a == b的结果为True。

（2）从表3-6可以看出，如果A为True，那么not A的结果为False。

案例二：

（1）a=5且c=4，因此a==c的结果为False。

（2）从表3-6可以看出，如果A为False，那么not A的结果为True。

```
>>> a = 5
>>> b = 5
>>> c = 4
>>> # 逻辑非运算符
>>> print('not(a == b) is', not(a == b))
not(a == b) is False
>>> print('not(a == c) is', not (a == c ))
not(a == c) is True
>>>
```

3.3.4 赋值运算符

顾名思义，赋值运算符用于为变量赋值。读者可能比较熟悉等于（=）赋值运算符，但这只是Python程序设计中众多赋值运算符之一。表3-7列举了Python中可用的赋值运算符及其用途。

表3-7　赋值运算符及其用途

运算符	用途
=	简单赋值语句
+=	加法赋值语句，等价于a=a+b
-=	减法赋值语句，等价于a=a-b
*=	乘法赋值语句，等价于a=a*b
/=	除法赋值语句，等价于a=a/b
**=	乘幂赋值语句，等价于a=a**b
%=	模数（求余数）赋值语句，等价于a=a%b
//=	整除赋值语句，等价于a=a//b

【例3.4】

接下来通过实例看看如何执行赋值操作。以下代码片段演示了如何使用各种赋值运算符。

```
>>> #简单赋值语句
>>> a = 1
>>> b = 2
>>> print('a =', a)
a = 1
>>> print('b = ', b)
b = 2

>>> #加法赋值语句
>>> a += b
>>> print('a = ',a)
a = 3

>>> #减法赋值语句
>>> a -= b
>>> print('a = ',a)
a = 1

>>> #乘法赋值语句
>>> a *= b
>>> print('a = ',a)
a = 2

>>> #乘幂赋值语句
>>> a ** = b
>>> print('a = ',a)
a = 4

>>> #模数(求余数)赋值语句
>>> a % = b
>>> print('a = ',a)
a = 0

>>> #整除赋值语句
>>> a //= b
>>> print('a = ',a)
a = 0
>>>
```

3.3.5 位运算符

位运算符用于处理二进制位，并且按照二进制位进行逐位操作。在 Python 中，定义了表 3-8 所示的位运算符及其用途。

表 3－8　位运算符及其用途

运算符	用途	运算符	用途
&	按位与	~	二进制反码
|	按位或	<<	按位左移
^	按位异或	>>	按位右移

1. 按位与（&）

如果两个操作数中都存在二进制位（bit），则将二进制位复制到结果中。例如：

```
2 = 010
5 = 101
2 & 5 = 010 & 101 = 000 = 0
>>> a = 2
>>> b = 5
>>> a & b
0
>>>
```

2. 按位或（|）

如果某个二进制位存在于任一操作数中，则将该二进制位复制到结果中。例如：

```
2 = 010
5 = 101
2|5 = 010|101 = 111 = 7
>>> a = 2
>>> b = 5
>>> a|b
7
>>>
```

3. 按位异或（^）

如果某个二进制位存在于一个操作数中，而不是存在于两个操作数中，则复制该二进制位。例如：

```
2 = 010
5 = 101
2 ^ 5 = 010 ^ 101 = 111 = 7
>>> a = 2
>>> b = 5
>>> a ^ b
7
>>>
```

4. 二进制反码

二进制反码运算符是一元运算符，用于转换所有的二进制位。例如：

```
 2 = 010
~2 = ~010
```

2	0	0	0	0	0	0	1	0

因此：

~2 = -3	1	1	1	1	1	1	0	1

建议读者在 Shell 中进行尝试，应该获得与以下代码片段相同的输出结果。

```
>>> ~a
-3
```

5. 按位左移

左侧操作数的值按右侧操作数指定的位数向左移动。例如：

```
2 = 010
5 = 101
2 << 1 = 010 << 1 = 100 = 4
5 << 1 = 101 << 1 = 1010 = 10
```

以下代码片段显示了该运算符在 Python 中的工作方式。

```
>>> #将 2 赋值给变量 a
>>> a = 2
>>> a << 1
4
>>> #将 5 赋值给变量 a①
>>> a = 5
>>> a << 1
10
>>>
```

6. 按位右移

左侧操作数的值按右侧操作数指定的位数向右移动。例如：

---

① 译者注：原著此处有误，应为变量 a。

```
2 = 010
5 = 101
2 >> 1 = 010 >>1 = 001 = 1
5 >> 1 = 101 >> 1 = 0010 = 2
>>> #将2赋值给变量a
>>> a = 2
>>> a >> 1
1
>>> #将5赋值给变量a①
>>> a = 5
>>> a >> 1
2
>>>
```

3.3.6 成员关系运算符

成员关系运算符用于检查序列中某个值的成员资格。在与字符串、列表或者元组相关的章节中，我们将学习如何使用这些运算符。目前，请注意成员关系运算符包含以下两种类型。

（1）in：如果在序列中找到值，则返回 True。

（2）not in：如果在序列中找不到值，则返回 True。

3.3.7 标识运算符

标识运算符基于变量引用的内存地址。Python 中存在以下两种类型的标识运算符。

（1）is 运算符：如果两个变量存储在同一个内存位置，则返回 True。

（2）is not 运算符：如果两个变量没有存储在同一个内存位置，则返回 True。

```
#给变量a,b和c赋值
>>> a = 1
>>> b = 2
>>> c = 1

#检查变量a,b和c的id值(标识)
>>> id(a)
1617164208
>>> id(b)
1617164224
>>>id(c)
1617164208
```

① 译者注：原著此处有误，应该是变量 a。

```
#变量 a 和 b 的值不同,因此 a is b 的结果为 False
>>> a is b
False

#变量 a 和 c 的值相同,因此 a is c 的结果为 True
>>> a is c
True

#由于 a is b 的结果为 False,因此 a is not b 的结果为 True
>>> a is not b
True

#由于 a is c 的结果为 True,因此 a is not c 的结果为 False
>>> a is not c
False
>>>
```

3.3.8　运算符的优先级和结合性

当表达式中包含多个运算符时，会根据运算符相对于其他运算符的相对优先级对其进行计算求值。在 3.3.1 小节中，读者了解了算术运算符的优先级。在本小节中，我们系统学习 Python 中运算符的优先级，如表 3－9 所示。

表 3－9　Python 中运算符的优先级

运算符	说明
**	乘幂
~、+、-	取反、一元加（正）、一元减（负）
*、/、%、//	乘法、除法、模数（求余数）、整除
+、-	加法、减法
>>、<<	按位右移、按位左移
&	按位与
^、|	按位异或、按位或
<=、<、>、>=	比较运算符
< >、==、!=	等性运算符
=、%=、/=、//=、-=、+=、*=、**=	赋值运算符
is、is not	标识运算符
in、not in	成员关系运算符
not、or、and	逻辑运算符

3.4　数学运算的内置函数

Python 为数学运算提供了内置函数。表 3－10 总结了这些内置数学运算函数的用途。

表 3－10　内置数学运算函数及其用途

函数	用途
divmod()	同时计算商和余数
pow()	计算乘幂
round()	将数值四舍五入到某个小数点
sum()	计算可迭代对象的和
min()	从值列表中返回最小值
max()	从值列表中返回最大值

注意：

函数 sum()、min()和 max()将在第 5 章中详细阐述。

1. divmod()

在以下代码片段中，divmod()函数用于将 10 除以 2，然后输出商 5 和余数 0。

```
>>> divmod(10,2)
(5,0)
>>>
```

请注意，10//2 =5，10%2 =0。
divmod(10,2)返回两个值（10//2,10%2）。

2. pow()

以下代码片段使用 pow()函数计算 3^{10}。

```
>>> pow(3,10)
59049
#与以下计算结果相同
>>> 3 * *10
59049
>>>
```

3. round()

以下代码片段使用 round()函数把 10.7879879 四舍五入到小数点后两位小数。

```
>>> x = 10.7879879
>>> round(x,2)
10.79
>>>
```

以下函数可以将数值从一种类型转换为另一种类型。

```
#将浮点数转换为整数
a = 87.8
print("a = ",a)
print("*****************")
#使用 int()函数将浮点数转换整数后,显示结果
print("After conversion to integer value of a will be a = ", int(a))
print("*****************")
#将整数转换为浮点数
a = 87
print("a = ",a)
print("*****************")
#使用 float()函数将整数转换为浮点数后,显示结果
print("After conversion to float value of a will be a = ", float(a))
print("*****************")
#将整数转换为复数
a = 87
print("a = ",a)
#使用 complex()函数将整数转换为复数后,显示结果
print("After conversion to complex value of a will be = ", complex(a))
print("*****************")
```

输出结果如下。

```
a = 87.8
*****************
After conversion to integer value of a will be a = 87
*****************
a = 87
*****************
After conversion to float value of a will be a = 87.0
*****************
a = 87
After conversion to complex value of a will be = (87+0j)
*****************
>>>
```

3.5 数学模块

在本节中，我们将学习用于数学计算的 Python 内置模块。

3.5.1 数学函数

数学函数在数学（math）模块中定义。用户必须导入数学模块，才能访问其中的所有函数。

```
import math
#向上取整(返回大于或等于所给数字表达式的最小整数)
a = -52.3
print ("math ceil for ",a, " is : ", math.ceil(a))
print("********************")

#指数(乘幂)值
a = 2
print("exponential value for ", a ," is: ",math.exp(2))
print("********************")

#绝对值
a = -98.4
print ("absolute value of ",a," is: ",abs(a))
print("********************")

#向下取整(返回小于或等于所给数字表达式的最大整数)
a = -98.4
print ("floor value for ",a," is: ", math.floor(a))
print("********************")

# log(x),返回 x 的以 e 为底的对数
a = 10
print ("log value for ",a," is : ", math.log(a))
print("********************")

# log10(x),返回 x 的以 10 为底的对数
a = 56
print ("log to the base 10 for ",a," is : ",math.log10(a))
print("********************")

#乘幂(指数)值
a = 2
b = 3
print (a," to the power of ",b," is : ",math.pow(2,3))
print("********************")
```

```
#平方根
a = 2
print("square① root")
print (" Square root of ", a," is : ", math.sqrt (25))
print (" ******************** ")
```

输出结果如下所示。

```
math ceil for -52.3 is : -52
********************
exponential value for 2 is: 7.38905609893065
********************
absolute value of -98.4 is: 98.4
********************
floor value for -98.4 is: -99
********************
log value for 10 is : 2.302585092994046
********************
log to the base 10 for 56 is : 1.7481880270062005
********************
2 to the power of 3 is : 8.0
********************
square② root
Square root of 25③ is : 5.0
********************
```

3.5.2　三角函数

数学模块中定义了以下三角函数。

```
import math
#计算反正切,单位为弧度
print ("atan(0) : ",math.atan(0))
print("************** ")

# 计算余弦
print ("cos(90) : ",math.cos(0))
print("************** ")

#计算直角三角形的斜边长度
print ("hypot(3,6) : ",math.hypot(3,6))
print("************** ")
```

---

① 译者注：原著此处有误，平方的英文应该是 square。
② 译者注：原著此处有误，平方的英文应该是 square。
③ 译者注：原著此处有误，根据上文的源代码，此处应该是求 25 的平方根，结果为 5。

```
#计算正弦
print ("sin(0) : ", math.sin(0))
print("**************")

#计算正切
print ("tan(0) : ",math.tan(0))
print("**************")

#将弧度转换为角度
print ("degrees(0.45) : ",math.degrees(0.45))
print("**************")

#将角度转换为弧度
print ("radians(0) : ",math.radians(0))
```

输出结果如下所示。

```
atan(0) : 0.0
**************
cos(90) : 1.0
**************
hypot(3,6) : 6.708203932499369
**************
sin(0) : 0.0
**************
tan(0) : 0.0
**************
degrees(0.45) : 25.783100780887047
**************
radians(0) : 0.0
>>>
```

3.6 使用随机数

为了使用随机数，用户必须导入 random 模块。Python 提供以下随机函数。

```
import random
#从指定的序列中随机选择一个值
print (" Working with Random Choice")
seq=[8,3,5,2,1,90,45,23,12,54]
print ("select randomly from ", seq," : ",random.choice(seq))
print("******************")
```

```
#从指定的一个范围中随机选择一个值
print ( " randomly generate a number between 1 and 10 : ", random.randrange
(1, 10))
print(" ****************** ")

#random(),返回[0,1)的随机数
print ("randomly display a float value between 0 and 1 : ",random.random())
print("* * * * * *")

#混排列表或者元组中的元素
seq =[1,32,14,65,6,75]
print("shuffle ",seq,"to produce : ",random.shuffle(seq))

#用于生成两个数字之间的随机浮点数的均匀分布函数
print ( " randomly display a float value between 65 and 71 : ",random.uniform
(65,71))
```

输出结果如下所示。

```
Working with Random Choice
select randomly from [8, 3, 5, 2, 1, 90, 45, 23, 12, 54] : 2
******************
randomly generate a number between 1 and 10 : 8
******************
randomly display a float value between 0 and 1 : 0.3339711273144338
* * * * * *
shuffle [1, 32, 14, 75, 65, 6] to produce : None
randomly display a float value between 65 and 71 : 65.9247420528493①
```

3.7　浮点数的表示和相等性的判断

到目前为止，我们使用的示例仅涉及整数的操作。很显然，读者对十进制数值很熟悉。十进制数值有时候不能使用有限位数表示。例如，6/9 =0.6666666666666666。

因此，如果想使用 10 位十进制数字表示 6/9 的小数，那么可以使用 format( ) 函数。具体示例如下。

```
>>> format(6/9,'.10f')
'0.6666666667'
```

计算机系统可以理解使用二进制（0 和 1）表示的语言。有些十进制数包含有限个

① 译者注：原书此处格式有误，应该加粗显示。

小数位，如0.125可以表示为有限个0.001（也就是125个0.001），有些十进制数值则无法表示为有限个小数位，例如从6/9获得的值0.6666666666666…。正是由于这个原因，我们不能使用“==”运算符来检查浮点数的相等性。

```
>>> a = 0.1 +0.1 +0.1 +0.1 +0.1
>>> b = 0.4
>>> a == b
False

>>> a = 0.5
>>> b = 0.1
>>> c = 0.4
>>> d = b+c
>>> a == d
True

>>> a = 0.3
>>> b = 0.2 +0.1
>>> a == b
False
```

从上述代码可以观察到，相等运算符并不总是可以给出正确的输出结果。这是所有程序设计语言都会存在的问题。十进制小数不能精确地表示为二进制小数。事实上，我们输入的十进制浮点数，会近似于机器中存储的二进制浮点数。

我们可以使用数学模块的isclose()函数来代替相等运算符，用以检查两个浮点数是否大约相等（相近）。

```
>>> import math
>>> a = 0.3
>>> b = 0.2 +0.1
>>> a == b
False
>>> isclose(a,b)
>>> math.isclose(a,b)
True
>>>
```

3.8　语句

Python语句可以分为以下两种类型。

（1）简单语句。

（2）复合语句。

3.8.1 简单语句

简单语句通常执行简单的任务或者操作。这些语句按照书写的顺序依次执行，不影响控制流程的执行。

简单语句可以分为以下几种类型。

（1）表达式语句：计算表达式并将表达式的计算结果赋值给变量。

```
>>> a = 6
>>> b = a*7
```

（2）断言语句：断言语句有助于轻松查找程序中的错误。

```
>>> assert(True or False)
```

（3）赋值语句：赋值运算符将值赋给变量。

```
>>> x = 7.2
```

（4）复合赋值语句：复合赋值语句在“=”之前还有一个运算符，如 +=、*=、/=①等。

```
>>> x += 1
```

（5）删除语句：删除语句用于删除变量或者对象。

```
>>> del x
```

（6）导入语句：大型程序被分成多个不同的模块，所有的模块都有“.py”扩展名。如果需要与特定的模块交互，则必须在脚本文件中导入该模块。

```
import math
```

（7）多行语句：Python 中的所有语句都以换行符结尾。如果语句较长，那么最好将其扩展到多行。可以使用续行字符（\）将一行语句扩展到多行的功能。

当试图将一条语句拆分为多行放置时，使用显式续行字符；而在隐式续行的情况下，将使用圆括号、方括号或大括号将一条语句拆分为多行放置。

多行语句的示例如下。

（1）显式续行字符。

```
>>> first_num = 54
>>> second_num = 879
>>> third_num = 876
>>> total = first_num + \
            second_num + \
            third_num
```

---

① 译者注：原书此处有误，“+=”描述重复。

```
>>> total
1809
>>>
```

（2）隐式续行字符。

```
>>> weeks = ['Sunday',
             'Monday',
             'Tuesday',
             'Wednesday',
             'Thursday',
             'Friday',
             'Saturday']
>>> weeks
['Sunday','Monday','Tuesday','Wednesday','Thursday①','Friday',
'Saturday']
>>>
```

3.8.2　复合语句

复合语句是包含一条或者多条语句的语句组。复合语句以某种方式控制其他语句的执行顺序。复合语句通常跨越多行。

Python 中有以下复合语句。

（1）if。

（2）while。

（3）for。

（4）try。

（5）函数定义和类定义。

在后续章节中，我们将了解有关复合语句的更多信息。

3.9　日期模块和时间模块

以下示例代码用于获取当前日期和时间的值。

```
import datetime
print(datetime.datetime.today())
```

或者

```
import datetime
print(datetime.datetime.now())
```

① 译者注：原书此处有误，星期四应该为 Thursday。

以下示例代码用于显示一天中当前小时的值。

```
from datetime import *
print(getattr(datetime.today(),'hour'))
```

以下示例代码用于打印当前本地日期的值。

为了显示当前的本地日期，可以使用 date 类中定义的 today( ) 函数。

```
import datetime
date_object = datetime.date.today()
print(date_object)
```

输出结果如下所示。

```
2020-07-22
```

以下示例代码用于查看 datetime 模块包含哪些属性的函数。

```
dir(datetime)
```

datetime 模块中包含以下几个重要的类：date、time、datetime 和 timedelta。

【例 3.5】

请问以下代码的输出结果是什么？

```
import datetime
date1 = datetime.date(2020, 7, 23)
print(date1)
```

参考答案：

```
2020-07-23
```

date( ) 函数实际上是 date 类的构造函数，该构造函数有年、月和日三个参数。上述代码也可以编写为以下语句。

```
from datetime import date
date1 = date(2020, 7, 23)
print(date1)
```

【例 3.6】

请编写代码以显示当前日期。

参考答案：

```
from datetime import date
date_today = date.today()
print("Today's date is", date_today)
```

输出结果如下所示。

```
Today's date is 2020-07-22
```

【例3.7】

分别打印今天的日期、月份和年份。

参考答案：

```
from datetime import date
date_today = date.today()
print("Today's day:", date_today.day, end=" ")
print("Today's month:", date_today.month, end=" ")
print("Today's year:", date_today.year)
```

本章要点

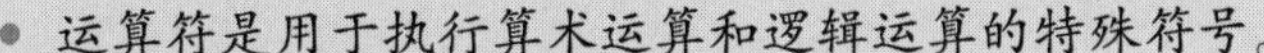

- 运算符是用于执行算术运算和逻辑运算的特殊符号。
- 运算符所操作的值被称为操作数。

Python中有以下运算符。

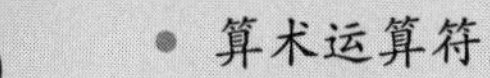

- 算术运算符。
  - 加法（+）。
  - 减法（-）。
  - 除法（/）。
  - 返回整数的整除（//）。
  - 乘法（*）。
  - 乘幂（或称指数）（**）。
  - 模数（或称求余数）（%）。
- 关系运算符。
  - ==（如果两个操作数相等，则返回True）。
  - !=（如果两个操作数不相等，则返回True）。
  - >（如果左侧的操作数大于右侧的操作数，则返回True）。
  - <（如果左侧的操作数小于右侧的操作数，则返回True）。
  - >=（如果左侧的操作数大于或者等于右侧的操作数，则返回True）。
  - <=（如果左侧的操作数小于或者等于右侧的操作数，则返回True）。
- 逻辑运算符。
  - and（逻辑与）。
  - or（逻辑或）。
  - not（逻辑非）。

- 赋值运算符。
  - 简单赋值运算符（=）。
  - 加法赋值运算符（+=）。
  - 减法赋值运算符（-=）。
  - 乘法赋值运算符（*=）。
  - 除法赋值运算符（/=）。
  - 乘幂赋值运算符（**=）。
  - 模数赋值运算符（%=）。
  - 整除赋值运算符（//=）。
- 位运算符。
  - &（按位与）。
  - |（按位或）。
  - ^（按位异或）。
  - ~（二进制反码）。
  - <<（按位左移）。
  - >>（按位右移）。
- 成员关系运算符。
  - in：如果在序列中找到值，则返回 True。
  - not in：如果在序列中找不到值，则返回 True。
- 标识运算符。
  - is 运算符：如果两个变量存储在同一个内存位置，则返回 True。
  - is not 运算符：如果两个变量没有存储在同一个内存位置，则返回 True。
- 在 Python 中，运算的优先级遵循首字母缩略词 PEMDAS 规则。
  - P：括号。
  - E：乘幂。
  - M：乘法。
  - D：除法。
  - A：加法。
  - S：减法。
- 运算符的优先级与结合性如下。
  - 乘幂。
  - 取反、一元加（正）、一元减（负）。
  - 乘法、除法、模数（求余数）、整除[①]。

① 译者注：根据 3.3.8 小节中的内容，此处关于“运算符的优先级与结合性”应该增加前三点的内容。

- 加法、减法。
- 按位右移、按位左移。
- 按位与。
- 按位异或、按位或。
- 比较运算符。
- 等性运算符。
- 赋值运算符。
- 标识运算符。
- 成员关系运算符。
- 逻辑运算符[①]。

本章结论

在本章中，我们学习了数值数据类型以及可以对数值数据执行的各种操作，以便执行各种计算。运算符的优先级非常重要，在设计复杂问题的解决方案时必须铭记在心。现在，我们可以使用数值数据类型，以及实现与数值数据类型相关的各种计算。在第4章中，我们将学习字符串数据类型及其操作。

本章习题

△

一、选择题

1. 以下哪一项是 Python 中的赋值运算符？(　　)

a. ==　　　　b. !=[②]

c. //=　　　　d. 以上选项都不正确

2. 阅读以下代码片段，请问变量 c 和变量 d 的值是什么？(　　)

```
>>> a = 10
>>> b = 5
>>> c = a*b
>>> d = a/b
```

a. c=50.0，d=2.0　　　　b. c=50，d=2

c. c=50.0，d=2　　　　d. c=50，d=2.0

---

① 译者注：根据3.2.8小节中的内容，此处关于“运算符的优先级与结合性”应该增加最后一点的内容。

② 译者注：原书此处有误，“*=”也是正确的赋值语句，鉴于本题答案选项为c，故此处改为错误选项“!=”。

3. 阅读以下代码片段，请问变量 c 和变量 d 的值是什么？(　　)

```
>>> a = 10
>>> b = 5
>>> c = a//b
>>> d = a% b
```

a. c = 2, d = 0　　b. c = 2.0, d = 0.0
c. c = 2.0, d = 0　　d. c = 2, d = 0.0

4. 以下代码片段的输出结果是什么？(　　)

```
>>> x = 10
>>> y = 10
>>> print('x ==y')
```

a. x == 10　　b. x == y
c. True　　d. False

5. 以下代码片段的输出结果是什么？(　　)

```
>>> x = 9
>>> y = 6
>>> print(y != x)
```

a. True　　b. False

6. 以下代码片段的输出结果是什么？(　　)

```
>>> t = True
>>> f = False
>>> print(t + f)
```

a. False　　b. True
c. 1　　d. RuntimeError

7. 以下代码片段的输出结果是什么？(　　)

```
(True and False) + (False or True) + (True and True)
```

a. True　　b. 1　　c. 2　　d. False

8. 代码 print (not False) 的输出结果是什么？(　　)

a. True　　b. 语法错误，缺少引号
c. not False　　d. False

参考答案：

1. c　2. d　3. a　4. b　5. a　6. c　7. c　8. a

二、简答题

1. 请判断以下表达式的结果是 True 还是 False。

a. bool(0)

b. bool(98)

c. bool(-98)

d. bool(0.01)

e. bool(0.00)

f. bool('')

g. bool('I love Python')

h. bool([])

i. bool([1,2,3,4,5])

j. bool(())

k. bool({'name':'Meenu','Profession':'Author'})

参考答案：

a. False　b. True　c. True　d. True　e. False　f. False　g. True　h. False　i. True　j. False　k. True

2. 关于逻辑与运算符，如果其两侧布尔表达式的运算结果均为 True，那么最终结果将返回什么。

参考答案：返回 True。

3. 以下代码片段的输出结果是什么？

```
>>> x = 19
>>> 19 == x and x <= 20
```

参考答案：True。

4. True * False 的运算结果是多少？

参考答案：0。

5. 以下表达式中 y 的值是多少？

```
>>>y =2 *10 -6/3 +1
```

参考答案：19.0。

6. 表达式((4 +5) *2) ==(4 +5 *2)的输出结果是什么？

参考答案：False。

7. 执行如下语句，请预测输出结果。

```
>>> a, b = 1,2
>>> a > 9 or b < 9
```

参考答案：True。

8. 表达式 not 7 ==7 的输出结果是什么？

参考答案：False。

9. 执行如下语句，请预测输出结果。

```
>>> a, b = 15, 80
>>> not a >= 15 and not 70 < b
```

参考答案：False。

10. 执行如下语句，请预测输出结果。

```
>>> x = 10
>>> y = 20
>>> not(x == 10 and y ==20)
```

参考答案：False。

11. 如何将值 499 赋给 price 变量？

参考答案：price =499。

三、编程题

1. 写出以下代码片段的输出结果。

```
>>> a = True
>>> a == True
#在横线上写出输出结果(True/False):
________
>>> a is True
#在横线上写出输出结果(True/False):
________
>>> a is False
#在横线上写出输出结果(True/False):
________
>>>
```

参考答案：

```
>>> a = True
>>> a == True
True
>>> a is True
True
>>> a is False
False
>>>
```

2. 阅读以下代码，并在注释行后面的横线处写出输出结果。

```
>>> id(True)
1919553856
>>> id(4 >3)
1919553856
>>> (4 >3) == True
#在横线处写出输出结果(True/False):
_______
>>> (4 >3) is True
#在横线处写出输出结果(True/False):
_______
>>>
```

参考答案：

```
>>> a = True
>>> a == True
True
>>> a is True
True
>>> a is False
False
>>>
```

3. 在以下代码片段中，变量 a 的最终值是什么？

```
>>> a = 10
>>> b = 5
>>> a += b
```

参考答案：15。

4. 在以下代码片段中，变量 a 的最终值是什么？

```
>>> a = 10
>>> b = 5
>>> a *= b
```

参考答案：50。

5. 在以下代码片段中，变量 a 的最终值是什么？

```
>>> a = 10
>>> b = 5
>>> a -= b
```

参考答案：5。

6. 假设 a=2，b=4，c=5，d=4，根据 Python 运算符的优先级，计算以下表达式的值。

a. a+b+c+d　　　　b. a+b*c+d

c. a/b+c/d　　　　d. a+b*c+a/b+d

参考答案：

```
>>> a=2
>>> b=4
>>> c=5
>>> d=4
>>> a+b+c+d
15
>>> a+b*c+d
26
>>> a/b+c/d
1.75
>>> a+b*c+a/b+d
26.5
>>>
```

7. 以下代码片段的输出结果是________。

```
>>> num1 =100
>>> num2 =100
>>> print(num2 <num1)
```

参考答案：False。

8. 以下代码片段的输出结果是什么？

```
>>> x = 10
>>> y = 15
>>> x < 17 and x > y
>>> x < 17 and x > y
False
>>>
```

参考答案：False。

9. 在以下代码片段中，变量 z 的值是________。

```
>>> x = True
>>> y = False
>>> z = True if (x or y) else False
```

参考答案：True。

10. 以下代码片段的输出结果是________。

```
a = 77
b = 88
print(a) if a < b else print(b)
```

参考答案：77。

11. 在预留的横线处写出输出结果。

```
>>> 7 ==False
#在横线处写出输出结果(True/False):
________
>>> '2' == 2
#在横线处写出输出结果(True/False):
________
>>> (x,y) = 6, 10
>>> x
#在横线处写出输出结果:
________
>>> y
#在横线处写出输出结果:
________
>>> x > y
#在横线处写出输出结果(True/False):
________
>>> y <= x
#在横线处写出输出结果(True/False):
________
>>> x < y
#在横线处写出输出结果(True/False):
________
>>> y == 10
#在横线处写出输出结果(True/False):
________
>>>
```

参考答案：

```
>>> 7 == False
False
>>> '2' == 2
False
>>> (x,y) = 6, 10
>>> x
6
```

```
>>>y
10
>>> x > y
False
>>> y <= x
False
>>> x < y
True
>>> y == 10
True
>>>
```

12. 在以下代码片段中，变量 outcome 的值是什么？

```
>>> x = 10
>>> y = 2
>>> outcome = 'x is divisible by y' if x% y ==0 else'x is not
divisible① by y'
```

参考答案：'x is divisible by y'。

13. 在以下代码片段中，变量 z = ________。

```
>>> x = 40
>>> y = 50
>>> z = 'perfect cent' if ((x +y) ==100) else'just missed'
```

参考答案：'just missed'。

14. 布尔变量可以作为一种整数，布尔变量具有整数的所有属性。阅读以下代码片段，并预测各种运算的结果。

```
>>> True > False
#在横线处写出输出结果(True/False):
________
>>> x = True + True
>>> x
#在此处写出输出结果:
________
>>> x = 26 * True
>>> x
#在横线处写出输出结果:
________
>>> x = False/75
>>> x
```

① 译者注：原著此处有误，正确的英文应该为 divisible。

```
#在横线处写出输出结果:
________
>>> bool( -46)
#在横线处写出输出结果(True/False):
________
>>>
```

参考答案:

```
>>> True > False
True
>>> x = True + True
>>> x
2
>>> x = 26 * True
>>> x
26
>>> x = False/75
>>> x
0.0
>>> bool( -46)
True
>>>
```

15. 请预测如下语句的输出结果。

```
>>> True ==1
#在横线处写出输出结果:
________
>>> bool(True)
#在横线处写出输出结果:
________
>>> False == 0
#在横线处写出输出结果:
________
>>>bool(False)
#在横线处写出输出结果:
________
>>> False is 0
#在横线处写出输出结果:
________
>>>True is 1
#在横线处写出输出结果:
________
>>>False < True
```

```
#在横线处写出输出结果:
________
>>>6 * (True + True + False + True)
#在横线处写出输出结果:
________
>>>(4 >2) is True
#在横线处写出输出结果:
________
>>>
```

参考答案：

```
>>> True ==1
True
>>> bool(True)
True
>>> False == 0
True
>>> bool(False)
False
>>> False is 0
False
>>> True is 1
False
>>> False < True
True
>>> 6 * (True + True + False + True)
18
>>> (4 >2) is True
True
>>>
```

16. 求 2 的平方根，并打印结果的近似值，精确到小数点后三位①。

参考答案：

```
>>> sqrt = 2**0.5
>>> print("{:.3f}".format(sqrt))
1.414
```

或者

```
>>> sqrt = 2**0.5
>>> print(f'Square root of 2 = {sqrt:.3f}')
Square root of 2 = 1.414
>>>
```

① 译者注：原著此处有误，应为“精确到小数点后三位”。

17. 使用 print( ) 函数，通过将 sep 参数设置为 *，打印 LOCKDOWN * IS * OVER。

参考答案：

```
>>> print('LOCKDOWN','IS','OVER', sep ='*')
LOCKDOWN * IS * OVER
```

18. 圆周率 π 的值为 3.14。计算并打印直径为 4 个单位的圆的面积值（用变量 pi 表示 π）。

参考答案：

```
pi = 3.14
diameter = 4
radius = 4/2
area = pi * (radius * * 2)
print(f'Area : {area}')
```

输出结果如下所示。

```
Area : 12.56
```

19. 一元二次方程 $ax^2 + bx + c$ 判别式 Delta 的值等于 $b^2 - 4ac$。请编写一个程序，计算 $x^2 + 7x + 1$ 判别式 Delta 的值。

参考答案：

```
a = 1
b = 7
c = 1
delta = (b * * 2) -4 * a * c①
print ('Delta = {} '.format (delta))
```

输出结果如下所示。

```
Delta = 45。
```

20. 假设值 x 的取值范围为 0 ~ 5，请计算表达式 15 - 2x 的值②。

参考答案：

```
for n in range(0,6):
    print(15 - 2 * n, end ='')
```

21. 假设值 x 的取值范围为 1 ~ 5，请计算表达式 6^{x-1} 的值③。

---

① 译者注：原著此处有误，应为“ * a * c”。
② 译者注：原著此处有误，遗漏了关于题目的描述。
③ 译者注：原著此处有误，遗漏了关于题目的描述。

参考答案：

```
for n in range(1, 6):
    x = n - 1
    print(6 ** x, end='')
```

输出结果如下所示。

```
1 6 36 216 1296
```

22. 法国数学家弗朗索瓦·韦达在著作《论方程的识别与订正》中建立了方程根与系数的关系，提出了著名的韦达定理（Vieta's Theorem）：如果 r1 和 r2 是一元二次方程 $ax^2 + bx + c = 0$ 的根，那么两个恒等式 $r1 + r2 = -b/a$ 和 $r1 \times r2 = c/a$ 成立。

求解以下一元二次方程两个根的和以及乘积。

$x^2 + 7x + 1 = 0$

参考答案：

```
a = 1
b = 7
c = 1
sum_of_roots = -b/a
product_of_roots = c/a
print(f'r1 + r2 = {sum_of_roots} and r1r2 = {product_of_roots}')
```

输出结果如下所示。

```
r1 + r2 = -7.0 and r1r2 = 1.0
```

23. 编写一个程序，计算位于两个点 a = (3,7) 和 b = (9,15) 中间的点的坐标值。

参考答案：

```
a = (3,7,)
b = (9,15,)
x = (a[0] + b[0]) / 2
y = (a[1] + b[1]) / 2
print(f'The mid point between {a} and {b} is ({x},{y})')
```

输出结果如下所示。

```
The mid point between (3,7) and (9,15) is (6.0,11.0)
```

24. 两个点之间的距离可以用 D 来表示。求两个点(0,0)和(3,4)之间的距离。

参考答案：

```
a = (0,0,)
b = (3,4,)
x = a[0] - b[0]
y = a[1] - b[1]
distance = ((x**2)+(y**2))**0.5
print(f'distance between {a} and {b} = {distance}')
```

输出结果如下所示。

```
distance between (0, 0) and (3, 4) = 5.0
```

25. 编写一个程序，计算以下无限序列的前10项之和。

1，1/3，1/9，1/27，…

参考答案：

```
x = 0
for n in range(0,10):
    x = x + 1/(3**n)
print(f'sum = {x}')
```

输出结果如下所示。

```
sum = 1.4999745973682874
```

26. 计算以下三个值的标准偏差：10，20，30。

参考答案：

```
val1, val2, val3 = 10, 20, 30
mean_val = (val1 + val2 + val3)/3
print("Mean = ", mean_val)
diff = (val1 - mean_val)**2 + (val2 - mean_val)**2 + (val3 -
mean_val)**2
var = diff/3
print("Variance = ", var)
standard_dev = var**0.5
print("Standard deviation of 10,20,30 = ", standard_dev)
```

输出结果如下所示。

```
Mean = 20.0
Variance = 66.66666666666667
Standard deviation of 10,20,30 = 8.16496580927726
```

三、论述题

1. 请阅读以下代码片段。

```
>>> 1 == True
True
>>> 0 == False
True
>>>
```

这是否意味着 True 和 1 的内存位置相同？False 和 0 的内存位置相同？请问如何证明自己所给出的答案？

参考答案：True 和 1 的内存位置不相同，False 和 0 的内存位置也不相同，因为 True 和 False 是布尔对象，而 1 和 0 是 int 对象。这可以通过标识运算符来证明。如果两个操作数都指向同一个内存位置，则标识运算符 is 的结果返回 True。

```
>>> True is 1
False
>>> False is 0
False
```

id(1)与 id(True)的结果值并不相同。

```
>>> id(1)
1919678384
>>> id(True)
1919553856
```

2. 请解释运算符的优先级和关联性。

参考答案：使用一个运算符和两个操作数进行计算是很简单的。然而，在程序设计过程时，有时需要在一个表达式中执行涉及多个运算符的复杂计算。例如，假设有两个变量 a = 3 和 b = 8。如果要求计算表达式 a + b 的输出结果，通过运算可以很快得出结论：a + b 与 3 + 8 的结果相同，后者等于 11。现在，再假设存在另一个变量 c = 0，要求计算 a + b * c。请问读者如何求解？3 + 8 * 0 与 11 * 0 = 0 或者 3 + 0 = 3 的计算结果是相同的。答案是 3。

(1) 优先级。

在 Python 中，运算符的优先级遵循首字母缩略词 PEMDAS 规则：Parenthesis（括号）、Exponent（乘幂）、Multiplication（乘法）、Division（除法）、Addition（加法）、Subtraction（减法）。也就是说，乘法运算在加法运算之前进行。因此：

```
3 + 8 * 0
 = 3 + 0
 = 3
```

为了解决这些问题，运算符的优先级定义如下（由上到下优先级递减）：

- 括号(())。
- 乘幂(**)。
- 取反、一元加(正)、一元减(负)(~、+、-)。
- 乘法、除法、模数、整除(*、/、%、//)。
- 加法、减法(+、-)。
- 按位右移、按位左移(>>、<<)。
- 按位与(&)。
- 按位异或和按位或(^、|)。
- 比较运算符(<、=、>、>=、=<)。
- 等性运算符(< >、==、!=)。
- 赋值运算符。
- 标识运算符。
- 成员关系运算符。
- 逻辑运算符。

(2) 结合性。

如果一个表达式包含多个具有相同优先级的运算符,那么结合性定义这些运算符的求值计算顺序。在这种情况下,通常遵循从左到右的结合性。

赋值运算符以及比较运算符等之类的运算符没有结合性,被称为非结合性运算符。在Python中,赋值运算符和比较运算符没有结合性。因此,类似 a<b<c 的表达式会被分解为 a<b 和 b<c,然后从左到右进行计算。

第 4 章

字符串

字符串是任何一门程序设计语言中最重要的数据类型。在Python中，字符串是广泛的主题，借助字符串可以实现很多功能。一个好的Python程序员必须精通字符串的相关概念和使用方法。

本章组织结构

- 字符串概述
- 转义字符，以及如何在引号中使用引号
- 获取用户的输入和显示输出结果
  - input()函数
  - 打印输出的不同形式
- 数据类型转换
- 字符串索引和字符串的长度
  - 字符串索引
  - 字符串的长度
- 基本字符串操作
  - 字符串的拼接
  - 字符串的重复
  - 字符串的切片
  - 索引和切片的区别
- 用于处理字符串的内置函数或者预定义方法
  - help()
  - find()
  - upper()
  - lower()
  - strip()
  - replace()
  - split()

- join( )
- in 和 not in
- endswith( )
- 一些有趣的字符串方法，如 capitalize( )、casefold( )、center( )、count( )、encode( )、endswith( )、find( )、format( )、index( )、isalnum( )、isalpha( )、isdecimal( )、isdigit( )、islower( )、isnumeric( )、isspace( )、lower( )、swapcase( )等

- 正则表达式
  - 使用普通字符
  - 通配符：特殊字符，包括英文句点（.）、脱字符（^）、字符串结尾符（$）、匹配任何单个字符（[…]）、反斜杠（\）、\w（小写字母 w）、\s（匹配空白字符，等价于[\t\n\r\f]）、\D（匹配非数字字符）、\A（匹配字符串的开头）、\Z（等价于$）、\b（仅匹配单词的开头）等
  - 重复，包括 +、*、{} 等
  - 分组
  - re 模块提供的函数，包括 compile( )、search( )、match( )、findall( )、finditer( )、sub( )、split( )等
  - 编译标志

本章学习目标

阅读本章后，读者将掌握以下知识点。

- 字符串数据类型的使用方法。
- 转义字符的使用方法。
- 获取用户的输入以及显示格式化信息的输出结果的方法。
- 数据类型转换的方法。
- 使用字符串索引和长度处理字符串的方法。
- 执行字符串操作的方法。
- 字符串的内置函数或者预定义方法的使用方法。
- 正则表达式的使用方法。

4.1　字符串概述

在本章中，我们将学习字符串。字符串是几乎所有程序设计语言中最流行和最常用的数据类型，Python 也不例外。Python 中的字符串是一个不可变的、有序的文本字符序

列。Python 中的字符采用 Unicode 编码。Unicode 字符有 130 000 多个，包括字母、数字、空格、特殊字符、符号等。Python 中没有针对单个字符的特殊类，可以将字符视为长度为 1 的文本字符串。可以使用单引号（'…'）或者双引号（"…"）轻松创建字符串。无论使用单引号还是双引号来创建字符串变量，结果没有任何区别，但建议最好在代码中保持引号使用的一致性。在程序脚本中使用一种类型的引号作为标准。示例如下。

```
>>> str1 = 'Hello World!! '
>>> str2 = "Hello World!!"
>>> str1 == str2
True
```

可以使用内置的 print( ) 函数显示字符串，示例如下。

```
>>> print(str1)
Hello World!!
>>> print(str2)
Hello World!!
>>>
```

读者可能还记得，在第 2 章中，我们学习了使用三重引号的多行注释。这也是字符串的一种形式。三重引号（'''…'''）中的字符串也用于创建文档字符串（docstring）。文档字符串是函数或者类的文档。用户还可以使用三重引号创建多行字符串变量。

注意：

根据 PEP8，建议在注释中使用“#”符号而不是三重引号（'''…'''）。示例如下。

```
>>> a_string =('''
Happy
Birthday
Dear
Friend
!!!
''')
>>> print(a_string)
Happy
Birthday
Dear
Friend
!!!
```

注意：

Unicode 字符的精确数量为 137 439，其中仅包含 128 个 ASCII 字符。Unicode 的前 128 个字符与 ASCII 字符相同。

4.2　转义字符

用户可以轻松打印字母、数字或者特殊字符等。但是，诸如换行符、制表符等空白字符不能像其他字符一样显示。为了嵌入这些字符，可以使用转义字符。转义字符以反斜杠字符（\）开头，后跟一个字符。Python 中的重要转义字符如表 4－1 所示。

表 4－1　Python 中的重要转义字符

转义字符	说明	示例和输出结果
\ 换行符	忽略换行符	print(''' I \ Love \ Python ''') 输出结果如下所示。 I Love Python
\\	反斜杠	print('I \\Love \\ Python') 输出结果如下所示。 I \Love\ Python
\'	添加单引号	print('I \'Love \' Python') 输出结果如下所示。 I 'Love' Python
\"	添加双引号	print("I \"Love \" Python") 输出结果如下所示。 I "Love" Python
\a	添加响铃	print("I \aLove Python")
\b	添加退格键	print("I \bLove Python") 输出结果如下所示。 I Love Python
\f	换页符	print("I \fLove Python") 输出结果如下所示。 I Love Python
\n	换行	print("I \nLove Python") 输出结果如下所示。 I Love Python

续表

转义字符	说明	示例和输出结果
\r	回车	print("I \rLove Python") 输出结果如下所示。 I Love Python
\t	水平制表符	print("I \tLove Python") 输出结果如下所示。 I Love Python
\v	垂直制表符	print("I \vLove Python") 输出结果如下所示。 I Love Python
\ooo	八进制值 ooo 对应的字符	print("\111\40\154\157\166\145\40\120\171\164\150\157\156") 输出结果如下所示。 I Love Python①
\xhh	十六进制值 hh 对应的字符	print("\x49\x20\x6c\x6f\x76\x65\x20\x50\x79\x74\x68\x6f\x6e") 输出结果如下所示。 I Love Python

反斜杠(\)用于转义字符。否则，这些字符具有特殊含义。

下面介绍如何在引号内使用引号。

在 Python 中完全可以在单引号括起来的字符串中打印输出双引号，或者反过来，在双引号括起来的字符串中打印输出单引号，不会出现任何问题。例如：

```
>>> print("I'm Good")
I'm Good
>>> print('I am "Good"')
I am "Good"
>>>
```

但是，当用户尝试在单引号括起来的字符串中打印输出单引号，或者在双引号括起来的字符串中打印输出双引号时，就会出现问题。例如：

```
>>> print('I'm Good')
SyntaxError: invalid syntax
>>> print("I am "Good"")
SyntaxError: invalid syntax
```

如果要在单引号括起来的字符串中打印输出单引号，或者在双引号括起来的字符串

① 译者注：原著此处有误，遗漏了示例内容，译者做了合适的增补。

中打印输出双引号，则必须使用反斜杠（\）进行转义。例如：

```
>>> print('I \'m Good')
I'm Good
>>> print('I am \"Good\"')
I am "Good"
>>>
```

【例 4.1】

使用字符串打印换行符。

参考答案：

```
>>> 转义字符\n 代表换行符
>>> print (" Happy \ nBirthday")
Happy
Birthday
```

【例 4.2】

使用字符串打印反斜杠字符。

参考答案：

```
>>> 可以使用转义字符“\\” 打印反斜杠（\）
>>> print ('\ \')
\
```

【例 4.3】

使用字符串打印水平制表符。

参考答案：

```
>>> 转义字符\t 代表水平制表符
>>> print (" Happy \ tBirthday")
Happy        Birthday
```

4.3 获取用户输入和显示输出

本质上，几乎所有的网站和应用程序都是交互式的，这意味着有许多功能需要用户输入才能正常运行。简单的登录功能就是其中一个示例。如果不能接收用户的输入并相应地采取行动，软件开发的目的就无法实现。

4.3.1 input()函数

Python 语言中包含一个内置的 input() 函数，该函数有一个可选参数，即提示（prompt）字符串。提示字符串可以是一个提示消息，告诉用户必须提供什么样的输入值。在程序执行过程中，如果解释器遇到 input( ) 函数，它将暂停程序执行，直到用户提供输入信息并按 Enter 键确认。

input( ) 函数的语法格式如下所示。

```
>>> input([prompt])
```

请阅读以下代码片段中的 input( ) 函数。

```
>>> input('Hi there! Do You live in New York? (Yes/No) :')
```

其中，[prompt] = 'Hi there! Do You live in New York? (Yes/No) :'。

图 4 - 1 所示为在 Shell 中执行该语句后的结果。

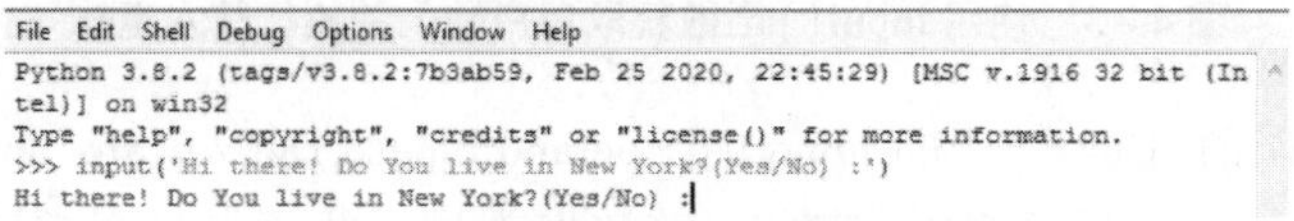

```
File  Edit  Shell  Debug  Options  Window  Help
Python 3.8.2 (tags/v3.8.2:7b3ab59, Feb 25 2020, 22:45:29) [MSC v.1916 32 bit (In
tel)] on win32
Type "help", "copyright", "credits" or "license()" for more information.
>>> input('Hi there! Do You live in New York?(Yes/No) :')
Hi there! Do You live in New York?(Yes/No) :
```

图 4 - 1　在 Shell 中执行 input( ) 函数

提示字符串右侧的光标一直在闪烁，直到用户输入响应并按 Enter 键确认。在此之前，程序将暂停执行。

此方法的目的是从用户获取输入并将输入信息赋给变量。图 4 - 2 显示了用户的操作：用户提供输入值 Yes 并按 Enter 键。

```
>>> user_input = input('Hi there! Do You live in New York?(Yes/No) :')
Hi there! Do You live in New York?(Yes/No) :Yes
>>> print('The user says : ', user_input)
The user says :  Yes
>>> 
```

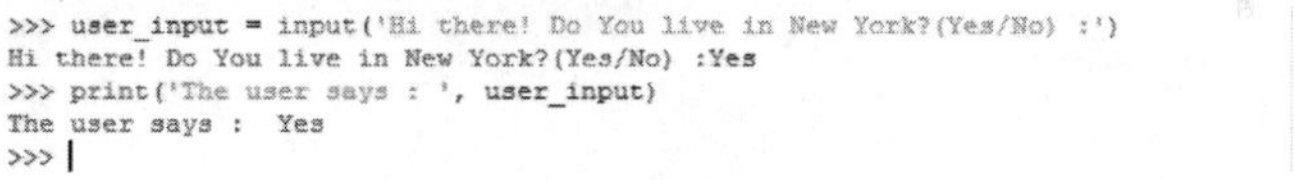

图 4 - 2　用户提供输入值 Yes 并按 Enter 键

因此，在前面的代码中，input( ) 函数用于捕获用户的响应，即 Yes，然后赋给名称为 user_input 的变量。程序接着执行 print( ) 函数，该函数将字符串 “The user says :” 与存储在 user_input 变量中的值拼接起来，并打印出拼接后的字符串值。

首先检查从 input( ) 函数获得的值的类型（换句话说，就是获取 user_input 的值的类型）。

```
>>> user_input = input('Hi there! Do You live in New York? (Yes/No) :')
Hi there! Do You live in New York? (Yes/No) :Yes
>>> type(user_input)
<class 'str'>
>>>
```

读者可能会感到疑惑，当用户提供字符串作为输入时，为什么需要检查用户输入数据的类型？在下一个示例中，我们将了解其重要性。让我们尝试使用 input( ) 函数获取用户输入，并执行一些算术函数运算。请阅读以下代码片段。

```
qty = input("How many apples do you have? : ")
price = input("What is the total cost? : ")
value_of_one = price/qty
print(value_of_one)
```

输出结果如图 4－3 所示。

```
How many apples do you have? : 80
What is the total cost? : 160
Traceback (most recent call last):
  File "F:/2020 - BPB/Python for Undergraduates/code/input.py", line 3, in <modu
le>
    value_of_one = price/qty
TypeError: unsupported operand type(s) for /: 'str' and 'str'
>>>
```

图 4－3 使用 input( )函数获取用户输入并执行算术运算

请注意，错误消息如下：“unsupported operand type(s)for /：'str' and 'str'”。也就是说，除法运算符（/）不支持操作数为 str 的数据类型。此错误是在尝试将变量 price 除以变量 qty 时产生的。该消息表示尝试将一个字符串变量除以另一个字符串变量。这意味着，尽管用户输入了一个数值，Python 仍将其视为字符串值。这是因为输入函数总是返回字符串值。无论用户提供什么值，输入函数总是将其视为字符串。

因此，为了用 price 除以 qty，必须将这两个值转换为正确的数据类型，代码如下。

```
qty = int(input("How many apples do you have? : "))
price = float(input("What is the total cost? : "))
value_of_one = price/qty
print(value_of_one)
```

输出结果如下所示。

```
How many apples do you have? : 20
What is the total cost? : 256.50
12.825
```

在前面的示例中，请读者查看表达式 int(input("How many apples do you have? : "))。此表达式将用户接收的值的类型转换为整数类型。

4.3.2 打印输出的不同形式

注意以下（1）和（2）中 print( )函数的区别，两者都打印相同的消息。

（1）字符串消息和变量值用逗号分隔。

```
qty = int(input("How many apples do you have? : "))
price = float(input("What is the total cost? : "))
value_of_one = price/qty
print(qty,'apples cost ',price,' therefore one apple costs',
value_of_one,'.')
```

输出结果如下所示。

```
How many apples do you have? : 50
What is the total cost? : 250
50 apples cost 250.0 therefore one apple costs 5.0 .
>>>
```

（2）使用 format( )方法将变量值插入字符串。

```
int(input("How many apples do you have? : "))
price = float(input("What is the total cost? : "))
value_of_one = price/qty
print('{} apples cost {} therefore one apple costs
{}.'.format(qty,price,value_of_one))
```

括号中的第一个参数值（即 qty）被插入第一个大括号，第二个参数值（即 price）被插入第二个大括号，最后一个参数值（即 value_of_one）被插入最后一个大括号。

输出结果如下所示。

```
How many apples do you have? : 20
What is the total cost? : 800
20 apples cost 800.0 therefore one apple costs 40.0.
>>>
```

（3）通过对大括号进行编号，可以更改变量插入字符串中的顺序。

```
qty = int(input("How many apples do you have? : "))
price = float(input("What is the total cost? : "))
value_of_one = price/qty
print('{2} will be the cost of one apple if {0} apple cost
{1}.'.format(qty,price,value_of_one))
```

输出结果如下所示。

```
How many apples do you have? : 10
What is the total cost? : 500
50.0 will be the cost of one apple if 10 apple cost 500.0.
>>>
```

在 Python 中，默认情况下使用空白符作为 print( )函数各参数之间的分隔符。

```
print('What would you like to have? ')
print('Rice','lentils','veggies','? ')
```

输出结果如下所示。

```
What would you like to have?
Rice lentils veggies?
```

（4）如果需要使用其他分隔符代替空白符，可以在 print( ) 函数中指定 sep 参数。

```
print('What would you like to have? ')
print('Rice','lentils','veggies','? ',sep ='/')
```

输出结果如下所示。

```
What would you like to have?
Rice/lentils/veggies/?
```

4.4　数据类型转换

将值从一种数据类型转换为另一种数据类型时需要进行类型转换。在 4.3 节中，我们讨论了一个示例，其中通过用户获取的价格和数量值是字符串格式，然后通过类型转换把字符串值分别转换为整数值和浮点值。类型转换是一种非常简单直接的方法，用于将变量从一种数据类型转换为另一种数据类型。

假设有三个变量 num1，num2 和 num3，如下所示。

```
>>> num1  = 4
>>> type(num1)
<class'int'>
>>> num2  = 3.6
>>> type(num2)
<class'float'>
>>> num3  = 'dog'
>>> type(num3)
>>> class'str'>
```

现在，尝试将每个变量的值更改为另一种类型，代码如下。

```
>>> num11  =float(4)
>>> num11
4.0
>>> type(num11)
<class'float'>
>>> num22  = str(num2)
>>> type(num22)
<class'str'>
>>> num33  = int(num3)
Traceback (most recent call last):
  File "<pyshell#12>", line 1, in <module>
    num33  = int(num3)
ValueError: invalid literal for int() with base 10:'dog'
>>>
```

从上例可以看出，可以将数值从一种类型转换为另一种类型，也可以将数值转换为字符串值，但字符串值有时可能无法转换为数值，仅当字符串由数值组成时，才能将其转换为数值类型。以下是一些将字符串转换为数值的类型转换示例。请读者一定认真阅读，并自己尝试实验。

（1）将字符串转换为浮点数。

```
>>> str1 ='3.7'
>>> float(str1)
3.7
```

（2）将字符串转换为整数。

```
>>> str2 = '3.7'
>>> int(str2)
Traceback (most recent call last):
  File "<pyshell#16>", line 1, in <module>
    int(str2)
ValueError: invalid literal for int() with base 10: '3.7'
```

（3）将字符串转换为浮点数，然后将浮点数转换为整数。

```
>>> str4 = '4.8'
>>> x = float(str4)
>>> int(x)
4
>>>
```

示例（2）中的问题可以首先将字符串转换为浮点数，然后将浮点数转换为整数来解决，如示例（3）所示。另一种转换方式如下所示。

```
>>> str2 = '3.7'
>>> int(float(str2))
3
>>>
```

既然我们已经学习了类型转换，那么在将用户的输入用于任何类型以进行算术运算之前，也应该理解将其类型转换为正确类型的重要性。

【例 4.4】

编写一个程序，将单位为克（gm）的数值转换为千克。

参考答案：

```
gm = float(input("Enter value in Grams : "))
kg = gm/1000
print(gm,"grams = ",kg," Kgs.")
```

输出结果如下所示。

```
Enter value in Grams : 8
8.0 grams = 0.008 Kgs.
>>>
```

注意：

避免使用 Python 保留字作为变量名，因为当使用保留字作为变量名时，实际上会覆盖主关键字。例如：

```
>>> int = 656
>>> num1 = 09.34
>>> int(num1)
```

由于之前已经为保留字 int 分配了一个新值 656，因此不能使用它将浮点值转换为整数值。此代码将产生一个错误 TypeError。

```
Traceback (most recent call last):
  File "<pyshell#3>", line 1, in <module>
    int(num1)
TypeError:'int' object is not callable
```

4.5　字符串索引和字符串的长度

字符串是一个有序的字符序列，这意味着可以借助其索引值引用字符串的任何项。在本节中，我们学习如何使用索引，以及获取字符串的长度。

4.5.1　字符串索引

假设有一个字符串，其值为 HELLO WORLD。现在，尝试理解这个序列，如图 4－4 所示。

	H	E	L	L	O		W	O	R	L	D
索引值: +VE	0	1	2	3	4	5	6	7	8	9	10
索引值: -VE	-11	-10	-9	-8	-7	-6	-5	-4	-3	-2	-1

图 4－4　字符串索引

如果从左向右移动，字符串 HELLO WORLD 的第一个元素（H）的索引值为 0，第二个元素（E）的索引值为 1，依此类推。同样，如果从右向左移动，最后一个元素（D）的索引值为 -1，倒数第二个元素（L）的索引值为 -2，依此类推。因此，字符串的每个元素都可以通过一个正索引值和一个负索引值来访问。我们可以通过其索引值访问字符串的任何元素，示例如下。

【例 4.5】

使用正索引值访问字符串元素。

参考答案：

```
>>> str_val = 'HELLO WORLD'
>>> str_val[6]
'W'
>>> str_val[2]
'L'
>>>
```

【例 4.6】

使用负索引值访问字符串元素。

参考答案：

```
>>> str_val[-11]
'H'
>>> str_val[-1]
'D'
>>>
```

【例 4.7】

使用无效索引值访问字符串元素。

参考答案：

如果尝试访问索引值无效的字符串，将产生错误 IndexError。

```
>>> str_val[12]
Traceback (most recent call last):
  File "<pyshell#17>", line 1, in <module>
    str_val[12]
IndexError: string index out of range
```

4.5.2　字符串的长度

通过 len()方法可以获取字符串的长度，即字符串中的字符总数。len()方法的语法格式如下。

```
len(string or string_name)
```

那么，让我们尝试获取字符串 str_val 的长度，如图 4-5 所示。

```
>>> str_val = 'HELLO WORLD'
>>> len(str_val)
11
>>>
```

	H	E	L	L	O		W	O	R	L	D
索引值: +VE	0	1	2	3	4	5	6	7	8	9	10
索引值: -VE	-11	-10	-9	-8	-7	-6	-5	-4	-3	-2	-1

←——— 11个字符 ———→

图 4－5 字符串 HELLO WORLD 的索引值

【例 4.8】

获取字符串 Python 的长度，如图 4－6 所示。

参考答案：

```
>>> len('Python')
6
>>>
```

	P	y	t	h	o	n
索引值: +VE	0	1	2	3	4	5
索引值: -VE	-6	-5	-4	-3	-2	-1

←——— 6个字符 ———→

图 4－6 字符串 Python 的索引值

【例 4.9】

编写代码，提示用户输入一个字符串，并获取该字符串的长度。

参考答案：

```
a = input("Enter the string : ")
print("the length of the String {} is {}".format(a,len(a)))
```

4.6 基本字符串操作

在本节中，我们学习基本字符串的以下操作——拼接、重复、切片，同时了解字符串中索引和切片之间的区别。

4.6.1 字符串的拼接

通过“+”运算符可以实现字符串的拼接或者连接。

```
str_val = 'HELLO WORLD'
print('I want to say '+str_val+'.')
```

输出结果如下所示。

```
I want to say HELLO WORLD.
>>>
```

现在，让我们尝试理解以下代码片段的含义。

```
gm = input("Enter value in Grams : ")
kg = float(gm)/1000
final_statement = gm+" grams = "+str(kg)+"Kgs."
print(final_statement)
```

首先分析第一行代码。

```
gm = input("Enter value in Grams : ")
```

用户响应提示消息（"Enter value in Grams :"），也就是提示用户输入一个单位为克的数值并按 Enter 键。input()函数将该值赋值给变量 gm。回想一下，即使用户输入一个数值，input()函数也会将其作为字符串，结果 gm 会保存一个字符串值。因此，gm 是一个字符串类型变量。

现在，分析第二行代码。

```
kg = float(gm)/1000
```

为了将克数转换为千克数，必须除以 1 000。由于变量 gm 以字符串格式存储值，因此必须将其类型转换为浮点数(float(gm))，然后除以 1 000。请注意，值 float(gm) 未赋值给任何变量，此操作不会更改 gm 的值。结果值存储在名称为 kg 的变量中。

再下一条语句如下所示。

```
final_statement = gm+" grams = "+str(kg)+"Kgs."
```

该语句中包含了字符串拼接操作。如果用户仔细查看右侧的表达式，将发现其中包含以下 4 项。

（1）gm：一个字符串值。

（2）"grams ="：一个字符串。

（3）str(kg)：kg 是一个整数值，因此需要将其类型转换为字符串值。

（4）"Kgs."：一个字符串。

由于这 4 项都是字符串，因此可以使用“+”运算符将它们拼接在一起。

输出结果如下所示。

```
Enter value in Grams : 78
78 grams = 0.078Kgs.
>>>
```

其中，78 是变量 gm 的值，0.078 是 str(kg) 的值。

4.6.2 字符串的重复

如果需要重复字符串，可以使用“ * ”运算符，随后跟需要重复字符串的次数。

```
>>> str_value = 'HELLO WORLD'
>>> str_value * 3
'HELLO WORLDHELLO WORLDHELLO WORLD'
```

4.6.3 字符串是不可变对象

Python 字符串不能被更改，因此它们称为不可变对象。读者可以使用字符串创建新的字符串。以 str_value 为例。假设，str_value 的值为 HELLO！WORLD，而不是 HELLO WORLD。查看字符串的结构后得知，索引值 5 处的空白字符必须替换为字符“！”，如图 4－7 所示。

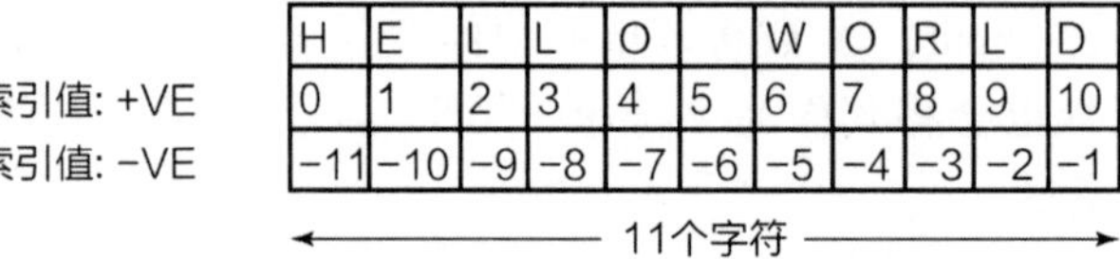

图 4－7 索引值 5 处的空白字符必须替换为字符“！”

```
>>>str_value = 'HELLO WORLD'
>>> str_value[5]
' '
>>> str_value[5] = '!'
Traceback (most recent call last):
  File "<pyshell#7>", line 1, in <module>
    str_value[5] = '!'
TypeError: 'str' object does not support item assignment
>>>
```

尽管可以在任何索引处访问元素的值，但不能对其进行任何更改。如果用户尝试进行更改，将产生错误 TypeError。

4.6.4 字符串切片以及切片与索引的区别

索引表示元素在序列中的位置，而切片则用于检索序列的一部分。我们可以使用切片操作从序列中提取数据。切片是在索引值的帮助下完成的。切片运算符的语法格式如下：

string_name[start:stop:step]

（1）start（起始位置）：对象切片开始的起始索引（包括）。如果省略，则默认为 0。

（2）stop（终止位置）：对象切片结束的终止索引（不包括）。如果省略，则默认为被切片字符串的长度大小。

（3）step（步长）：可选参数，它是切片的每个索引之间的增量。

假设要检索 str_value 的前 5 个字母，如图 4 – 8 所示。

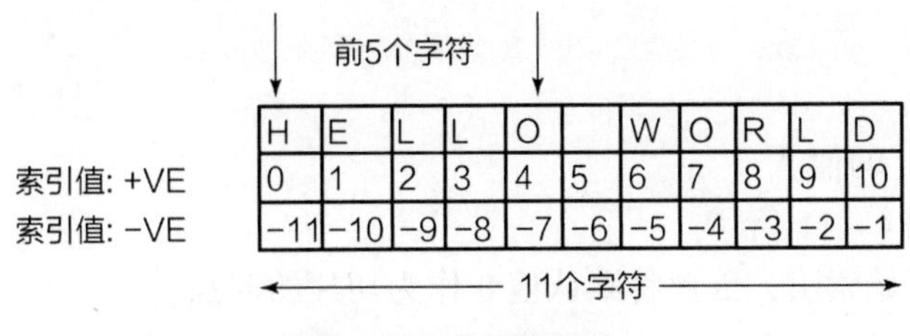

图 4 – 8　字符串切片

字符串 str_value 的前 5 个字母表示必须提取位置 0 ~ 4 的所有字符。使用切片操作符 str_value［0:5］来获取位置 0（包括）~ 位置 5（不包括）的字符。换句话说，将显示起点 0 ~ 4（终止位置为 –1）的所有字符，如图 4 – 9 所示。

```
>>> str_value[0:5]
'HELLO'
```

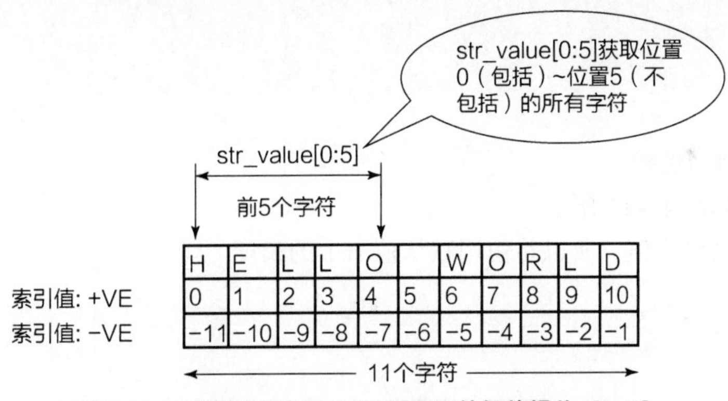

图 4 – 9　字符串 HELLO WORLD 的切片操作［0:5］

【例 4.10】

代码如下。

```
str1 = 'I Love Python', find the value of str1[3:9].
```

参考答案如图 4 – 10 所示。

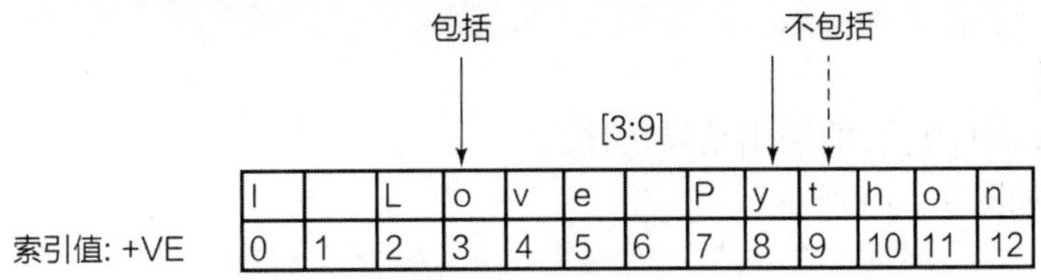

图 4 – 10　字符串 I Love Python 的切片［3:9］

```
>>> str1 ='I Love Python'
>>> str1[3:9]
'ove Py'
```

【例 4.11】

查找 str1[:7] 的值。

参考答案如图 4-11 所示。

由于未指定起始索引，因此将默认值 0 作为切片的起点。

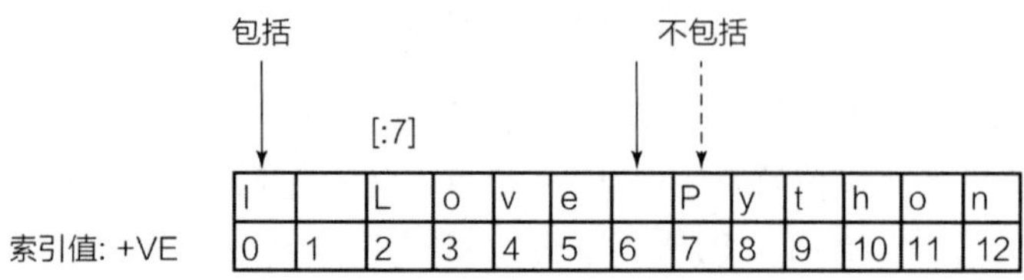

图 4-11　字符串 I Love Python 的切片［:7］

```
>>> str1 ='I Love Python'
>>> str1[:7]
'I Love'
>>>
```

【例 4.12】

查找 str1[4:]的值。

参考答案如图 4-12 所示。

由于未指定终止值，所以将使用默认值 str1 的长度。

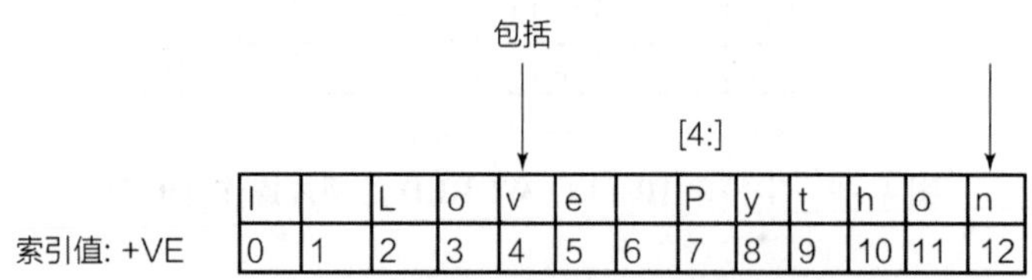

图 4-12　字符串 I Love Python 的切片［4:］

```
>>> str1 ='I Love Python'
>>> str1[4:]
've Python'
>>>
```

【例 4.13】

str1[7:]+str1[7:] 的输出结果是什么？

参考答案如图 4-13 所示。

```
str1[7:] + str1[7:] ='Python' + 'Python' = PythonPython
```

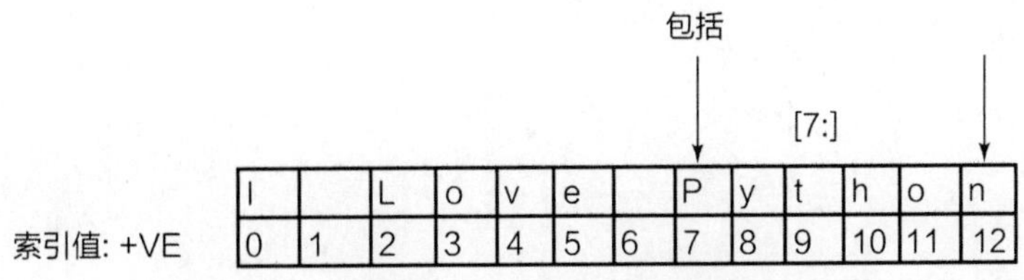

图 4－13　字符串 I Love Python 的切片 [7:]

```
>>> str1 = 'I Love Python'
>>> str1[7:]+str1[7:]
'PythonPython'
>>>
```

【例 4.14】

str1[:7]+str1[7:]的输出结果是什么?

参考答案如图 4－14 和图 4－15 所示。

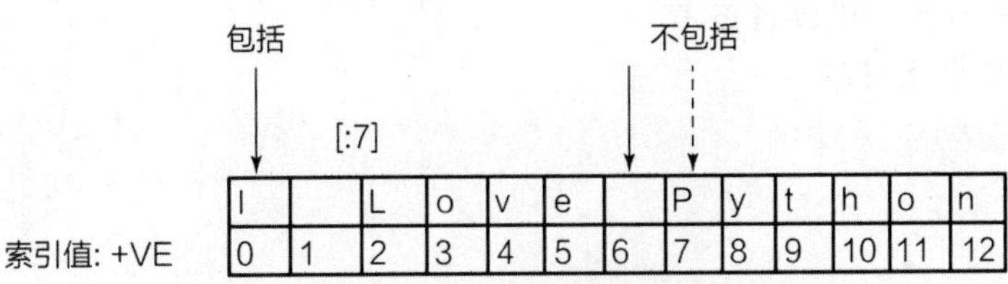

图 4－14　字符串 I Love Python 的切片 [:7]

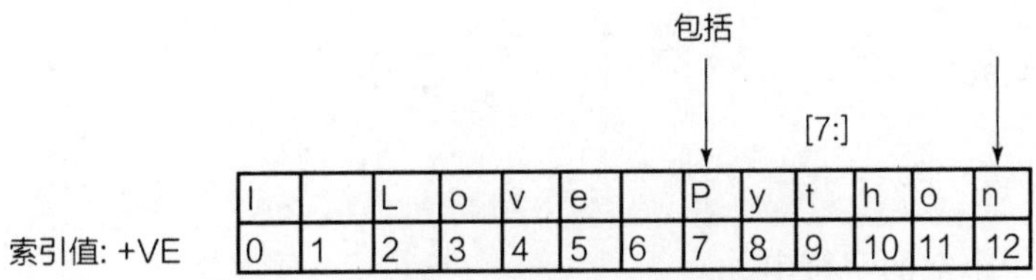

图 4－15　字符串 I Love Python 的切片 [7:]

```
>>> str1 = 'I Love Python'
>>> str1[:7]+str1[7:]
'I Love Python'
```

【例 4.15】　str1 [-2:] 的输出结果是什么?

参考答案如图 4－16 所示。

	I		L	o	v	e		P	y	t	h	o	n
索引值: +VE	0	1	2	3	4	5	6	7	8	9	10	11	12
索引值: −VE	−13	−12	−11	−10	−9	−8	−7	−6	−5	−4	−3	−2	−1

图 4－16　字符串 I Love Python 的切片 [-2:]

```
>>> str1 = 'I Love Python'
>>> str1[-2:]
'on'
>>>
```

读者可能还记得，在尝试访问字符串的无效索引时，会产生错误 IndexError。

```
>>> str1 = 'I Love Python'
>>> str1[17]
Traceback (most recent call last):
  File "<pyshell#1>", line 1, in <module>
    str1[17]
IndexError: string index out of range
>>>
```

在切片操作中，无效输入不会产生错误。

这里还有一些案例供读者参考。

（1）返回整个字符串。

```
>>> str1[-16:]
'I Love Python'
>>>
```

（2）返回从 4 到字符串末尾的子字符串。

```
>>> str1[4:900]
've Python'
>>>
```

（3）返回一个空的字符串。

```
>>> str1[87:]
''
>>>
```

【例 4.16】

str1[2:10:3] 的输出结果是什么？

参考答案（见图 4-17）：'Ley'。

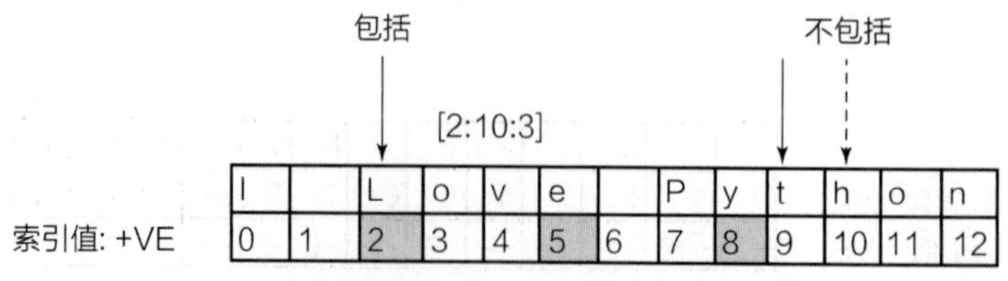

图 4-17 字符串 I Love Python 的切片 [2:10:3]

```
>>> str1[2:10:3 ]
'Ley'
>>>
```

【例 4.17】

使用切片反转字符串 str1。

参考答案：str1 [:: -1] 将返回字符串 str1 的反字符串。由于没有给出起始索引值和终止索引值，所以包含整个字符串，参数 step 为 -1，表示从终止位置到起始位置的所有字符串元素。

```
>>> str1 = 'I Love Python'
>>> str1[:: -1]
'nohtyP evoL I'
>>>
```

4.7 处理字符串的内置函数或者预定义方法

Python 中的所有对象（字符串、元组、列表等），都有一些与之关联的内置方法。人们经常混淆方法和函数这两个概念，许多人认为两者是相同的。但事实上，在 Python 中，方法和函数之间存在差异。函数带括号和参数，当这些函数与对象相关联时，它们就成为一个方法。

此处介绍一些关于函数和方法有趣的特性。

每当在对象的后面输入英文句点（.）运算符时，Python IDLE 将显示所有可与其关联的方法，如图 4-18 所示。在本节中，可以首先使用以下方法：help( )、find( )、upper( )、lower( )、strip( )、replace( )、split( )、join( )、in 和 not in（注意，它们是成员关系运算符，不是方法）、endswith( )。

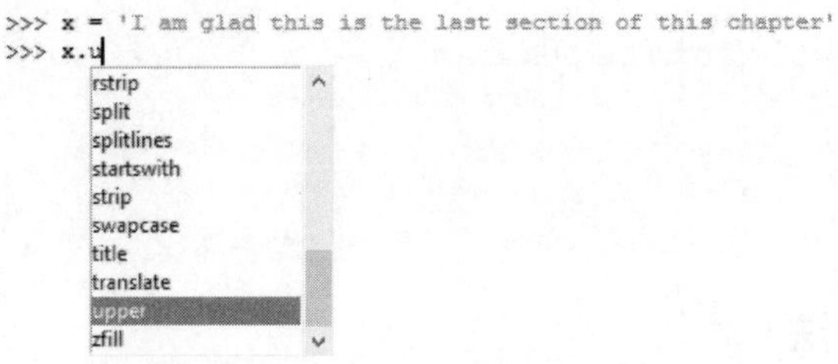

图 4-18 对象后面①的“.”运算符显示与其关联的所有方法

一旦熟悉了这些方法，我们将在 4.7.11 小节中了解更多关于字符串方法的有趣内容。将方法分为两组是为了便于掌握以及避免混淆。

用户可以使用 dir(str) 方法查看与字符串对象关联的所有方法，如图 4-19 所示。

① 译者注：原著此处有误，应该是“对象后面”而不是“对象前面”。

```
>>> dir(str)
['__add__', '__class__', '__contains__', '__delattr__', '__dir__', '__doc__', '__eq__', '__format__', '__ge__', '__getattribute__', '__getitem__', '__getnewargs__', '__gt__', '__hash__', '__init__', '__init_subclass__', '__iter__', '__le__', '__len__', '__lt__', '__mod__', '__mul__', '__ne__', '__new__', '__reduce__', '__reduce_ex__', '__repr__', '__rmod__', '__rmul__', '__setattr__', '__sizeof__', '__str__', '__subclasshook__', 'capitalize', 'casefold', 'center', 'count', 'encode', 'endswith', 'expandtabs', 'find', 'format', 'format_map', 'index', 'isalnum', 'isalpha', 'isascii', 'isdecimal', 'isdigit', 'isidentifier', 'islower', 'isnumeric', 'isprintable', 'isspace', 'istitle', 'isupper', 'join', 'ljust', 'lower', 'lstrip', 'maketrans', 'partition', 'replace', 'rfind', 'rindex', 'rjust', 'rpartition', 'rsplit', 'rstrip', 'split', 'splitlines', 'startswith', 'strip', 'swapcase', 'title', 'translate', 'upper', 'zfill']
```

图 4-19 dir(str) 方法

4.7.1 help()方法

为了查找某个方法的完整信息，可以使用 help()方法，如图 4-20 所示。

```
>>> help(str.find)
Help on method_descriptor:

find(...)
    S.find(sub[, start[, end]]) -> int

    Return the lowest index in S where substring sub is found,
    such that sub is contained within S[start:end].  Optional
    arguments start and end are interpreted as in slice notation.

    Return -1 on failure.

>>>
```

图 4-20 help(function)

注意：

dir()方法和 help()方法也适用于其他数据类型。

4.7.2 find()方法

find()方法用于返回字符串中指定子字符串的最低索引位置。

S.find(sub[, start[, end]])

其中，S 是字符串；sub 是要查找的子字符串。方括号内的参数是可选参数。

```
>>> #find()
>>> x = 'Last Section of the Chapter'
>>> x.find('ast')
1
>>>
```

4.7.3 upper()方法

upper()方法用于将整个字符串转换为大写。

```
>>> #upper()
>>> x = 'Last Section of the Chapter'
>>> x.upper()
'LAST SECTION OF THE CHAPTER'
>>>
```

4.7.4 lower()方法

lower()方法用于将整个字符串转换为小写。

```
>>> #lower()
>>> x = 'Last Section of the Chapter'
>>> x.lower()
'last section of the chapter'
>>>
```

4.7.5 strip()方法

strip()方法用于从字符串中删除空白字符或特定字符。

```
>>> #strip()
>>> money = '$ 100'
>>> money.strip('$')
'100'
```

4.7.6 replace()方法

replace()方法使用其他字符或字符串替换字符串中的字符或子字符串。

```
>>> #replace()
>>> str1 = 'HappyChristmas①'
>>> str1.replace ('Happy', 'Merry')
'MerryChristmas②'
>>>
```

4.7.7 split()方法

split()方法根据作为参数传递的字符，将字符串拆分为列表数据类型。

```
>>> #split()
>>> x = 'Last Section of the Chapter'
>>> x.split()
['Last', 'Section', 'of', 'the', 'Chapter']
>>> ip ='222:222:0:02'
>>> ip.split(':')
['222', '222', '0', '02']
>>>
```

---

① 译者注：此处原著有误，圣诞节应该是 Christmas。

② 译者注：此处原著有误，圣诞节应该是 Christmas。

4.7.8 join()方法

join()方法与 split()方法的作用相反，将列表数据类型的元素组合成一个字符串。

```
>>> #join()
>>> student = ['Alex','32','Physics Major','Baseball']
>>> ('|').join(student)
'Alex|32|Physics Major|Baseball'
>>>
```

4.7.9 in 和 not in

in 和 not in 用于检查子字符串是否为字符串的一部分。

```
>>> #in
>>> x = 'Merry Christmas'
>>> 'Meery' in x
False
>>> 'Merry' in x
True
>>> #not in
>>> 'year' not in x
True
>>> 'Christmas' not in x
False
>>>
```

4.7.10 endswith()方法

endswith()方法用于检查字符串是否以特定的字符串结尾。

```
>>> #endswith()
>>> x = 'Merry Christmas'
>>> x.endswith()
>>> x.endswith('as')
True
>>>
```

4.7.11 一些有趣的字符串方法

在本小节中，读者将了解更多可以在字符串上实现的方法。

1. capitalize()方法

capitalize()方法将返回一个字符串，其中第一个字母大写，其余字母小写。

```
>>> string1 = "HAPPY BIRTHDAY"
>>> string1.capitalize()
'Happy birthday'
>>>
```

2. casefold( )方法

casefold( )方法将去除字符串中的大、小写区分，通常用于不区分大、小写的匹配。

```
>>> string1 = "HAPPY BIRTHDAY"
>>> string1.casefold()
'happy birthday'
>>>
```

3. center( )方法

center( )方法接收两个参数：（1）带填充字符的字符串长度；（2）填充字符（此参数是可选的）。这个方法使用填充字符（默认为空格）填充字符串左、右两侧。

```
>>> string1 = "HAPPY BIRTHDAY"
>>> new_string = string1.center(24)
>>> print("Centered String: ", new_string)
Centered String:      HAPPY BIRTHDAY
>>>
```

4. count( )方法

count( )方法用于统计子字符串在字符串中重复的次数。

```
>>> string1 = "HAPPY BIRTHDAY"
>>> string1.count("P")
2
>>>
```

用户还可以指定开始索引和结束索引，以指定搜索的范围。

5. encode( )方法

encode( )方法允许用户将 Unicode 编码的字符串编码为 Python 支持的编码方式。

```
>>> string1 = "HAPPY BIRTHDAY"
>>> string1.encode()
b'HAPPY BIRTHDAY'
```

默认情况下，Python 使用 utf－8 编码方式。

该方法可以接收以下两个参数。

（1）encoding（编码）：表示需要编码的字符串。

（2）error（错误）：编码失败时的响应消息。

6. format( )方法

format( )方法允许用户替换字符串中的多个值。借助位置格式，我们可以在字符串中插入值。字符串必须包含大括号（{}），这些大括号用作占位符，也就是插入值所在的位置。format( )方法的作用是插入值。

【例 4.18】

以下 print( )函数的输出结果是什么？

```
>>> print("Happy Birthday {}".format("Alex"))
```

参考答案：

```
Happy Birthday Alex
```

【例 4.19】

以下 print( )函数的输出结果是什么？

```
>>> print("Happy Birthday {}, have a {} day!!".format("Alex","Great"))
```

参考答案：

```
Happy Birthday Alex, have a Great day!!
```

format( )方法中出现的值是元组数据类型。用户也可以通过引用其索引值来调用值，我们将在下一个问题中进行讨论。

【例 4.20】

以下 print( )函数的输出结果是什么？

```
>>> print("Happy Birthday {1}, have a {0} day!!".
format("Great","Alex"))
```

参考答案：

```
Happy Birthday Alex, have a Great day!!
```

可以使用 {index：conversion} 格式将更多类型的数据添加到代码中。其中，index 是参数的索引号；conversion 是数据类型的转换代码。转换代码的取值如下所示。

（1）s[①]：字符串。

（2）d：十进制。

（3）f：浮点数。

（4）c：字符。

（5）b：二进制。

（6）o：八进制。

（7）x：十六进制，数码 9 后面使用小写字母（a ~ f）。

---

① 译者注：此处原著有误，应该是小写字母 s。

（8）X：十六进制，数码9后面使用大写字母（A ~ F）。

（9）e：指数。

【例4.21】

以下print()函数的输出结果是什么？

```
>>> print("I scored {0:.2f}% in my exams".format(86.177))
```

参考答案：

```
I scored 86.18% in my exams.
```

7. index()方法

index()方法用于返回子字符串在给定字符串中第一次出现的索引位置。

```
>>> string1 = "to be or not to be"
>>> string1.index('not')
9
>>>
```

8. isalnum()方法

如果字符串是字母数字，则isalnum()方法返回True；否则返回False。

```
>>> string1 = "12321 $%%^&*"
>>> string1.isalnum()
False
>>> string1 = "string1"
>>> string1.isalnum()
True
>>>
```

9. isalpha()方法

如果整个字符串都是由字母组成的，则isalpha()方法返回True；否则返回False。

```
>>> string1 = "to be or not to be"
>>> string1.isalpha()
False
>>> string2 = "tobeornottobe"
>>> string2.isalpha()
True
>>>
```

10. isdecimal()方法

如果字符串都是由十进制数字字符组成的，则isdecimal()方法返回True；否则返回False。

```
>>> string1 = "874873"
```

```
>>> string1.isdecimal()
True
>>> string2 = "874.873"
>>> string2.isdecimal()
False
```

11. isdigit()方法

如果字符串都是由数字组成的，则 isdigit()方法返回 True；否则返回 False。

```
>>> string1 = "874a873"
>>> string1.isdigit()
False
>>> string2 = "874873"
>>> string2.isdigit()
True
>>>
```

12. islower()方法

如果整个字符串都是由小写字母组成的，则 islower()方法返回 True；否则返回 False。

```
>>> string1 = "tIger"
>>> string1.islower()
False
>>> string2 = 'tiger'
>>> string2.islower()
True
>>>
```

13. isnumeric()方法

如果字符串的所有字符都是数字，则 isnumeric()方法返回 True。字符串中的所有字符只能是数字（0~9）。

```
>>> string1 = '3/4'
>>> string1.isnumeric()
False
>>> string2 = '3.4'
>>> string2.isnumeric()
False
>>> string3 = '34'
>>> string3.isnumeric()
True
>>> string4 = ''
>>> string4.isnumeric()
False
>>>
```

14. isspace()方法

如果字符串中包含空白字母，则 isspace()方法返回 True；否则返回 False。

```
>>> string1 =" "
>>> string1.isspace()
True
>>>
>>> string2 ='this is s p a c e'
>>> string2.isspace()
False
>>> string3 =''
>>> string3.isspace()
False
>>>
```

15. swapcase()方法

swapcase()方法将字符串中的小写字母更改为大写字母，大写字母更改为小写字母，即大、小写互换。

```
>>> string1 = "tIger"
>>> string1 = "tIger".swapcase()
>>> string1
'TiGER'
>>>
```

4.8　正则表达式

在本节中，我们将学习正则表达式。正则表达式提供了一个解析器，可以用于匹配文本中的字符串。例如，假设几个月前，用户在笔记本电脑上创建了一个文件夹，现在用户想访问这个文件夹，但用户不记得文件夹的名称或者位置。我们可以通过指定一个短字符串（用户可以确认文件名中包含该字符串）来执行快速搜索。然后，系统将扫描所有驱动器，并返回名称中包含该字符串的所有文件和文件夹，以便用户更容易地找到正确的文件夹。

在计算机中搜索任何东西时，我们经常使用简单的通配符。进行搜索最常用的字符是星号（*）。因此，当用户输入“*.pdf”时，系统将返回搜索的位置中所有的 pdf 文件或者文件夹。

使用正则表达式时，反斜杠（\）允许使用特殊字符，而无须调用其特殊含义。这与 Python 在字符串文本中使用反斜杠作为转义字符矛盾。

这个问题可以使用 Python 的原始字符串表示法来解决，该表示法不对反斜杠字符进行任何特殊处理。因此，"\n"表示新行，但 r"\n"实际上是两个字符"\"和"\n"。

为了使用正则表达式，必须导入 re 模块。

```
>>> import re
```

4.8.1 使用普通字符

这是最容易处理的正则表达式。普通字符用于执行简单的精确匹配。

请看下面的例子。变量模式包含原始字符串中的模式，该字符串必须与名为 sequence 的变量中的序列匹配。match( ) 函数的作用是：获取模式和序列，并检查它们是否完全匹配。

```
import re
pattern = r"python"
sequence = "Python"
if re.match(pattern, sequence):
    print("We found a match here")
else:
    print("Sorry no match found.")
```

输出结果如下所示。

```
Sorry no match found.
>>>
```

结果之所以不匹配，是因为 python 和 Python 不一致。一个以小写字母 p 开头，而另一个以大写字母 P 开头。若二者均以小写字母 p 开头，则代码如下所示。

```
import re
pattern = r"python"
sequence = "python"
if re.match(pattern,sequence):
    print("We found a match here")
else:
    print("Sorry no match found.")
```

输出结果如下所示。

```
We found a match here
>>>
```

4.8.2 通配符：特殊字符

特殊字符是位于正则表达式中的、具有特殊含义且与自身不匹配的字符。本小节将处理其中一些特殊字符。首先必须介绍以下两个重要函数。

（1）search( )：用于搜索字符串并查找匹配正则表达式的第一个位置。

（2）group()：用于返回与正则表达式匹配的字符串。

1. 英文句点（.）

英文句点（.）用于匹配除新行以外的任何单个字符。示例代码如下所示。

```
import re
pattern = r'.o'
sequence = 'I love python'
obj = re.search(pattern, sequence)
if obj:
    print("We found a match here @ ",obj.group())
else:
    print("Sorry no match found.")
```

输出结果如下所示。

```
We found a match here @  lo
```

下面是另一个例子。

```
import re
pattern = r'py.h.n'
sequence = 'I love python'
if re.search(pattern, sequence):
    print("We found a match here @ ",re.search(pattern,sequence).group())
else:
    print("Sorry no match found.")
```

输出结果如下所示。

```
We found a match here @  python
>>>
```

2. 脱字符（^）

脱字符（^）用于匹配字符串的开始位置。示例代码如下所示。

```
import re
pattern = r'^we'
sequence = 'we love python'
obj = re.search(pattern,sequence)
if obj:
    print("We found a match here @ ",obj.group())
else:
    print("Sorry no match found.")
```

本例找到匹配项，因为序列以 we 开头。
输出结果如下所示。

```
We found a match here @  we
>>>
```

类似地，在下面的示例中，尝试查看字符串 we love python 是否以单词 love 开头。

由于情况并非如此，所以将显示输出消息“Sorry no match found.”。

```
import①re
pattern = r'^ love'
sequence = 'we love python'
obj = re.search (pattern, sequence)
if obj:
    print (" We found a match here @ ", obj.group ())
else:
    print (" Sorry no match found.")
```

此例未找到匹配项，因为序列并没有以单词 love 开头。

输出结果如下。

```
Sorry no match found.
>>>
```

3. 字符串结尾（$）

使用美元符号（$）可以测试字符串是否以给定模式结尾。在下面的代码片段中，试图查看 sequence = ' we love python '是否以 on 结尾。示例代码如下所示。

```
import re
pattern = r'on $'
sequence = 'we love python'
obj = re.search(pattern, sequence)
if obj:
    print("We found a match here @",obj.group())
else:
    print("Sorry no match found.")
```

输出结果如下所示。

```
We found a match here @  on
>>>
```

4. 匹配任何单个字符（[…]）

为了匹配任何单个字符，可以使用［…］。以下示例代码检查是否匹配以下任意字符：l，a 或者 b。

```
import re
pattern = r'[lab]'
sequence = 'we love python'
obj = re.search(pattern, sequence)
if obj:
    print("We found a match here @",obj.group())
else:
    print("Sorry no match found.")
```

---

① 译者注：此处原著有误，Python 大、小写意义不同，import 应该全部小写。

单词love中包含字母l，因此，本例找到了匹配项。

输出结果如下所示。

```
We found a match here @  l
>>>
```

现在，请仔细阅读以下代码片段。

```
import re
pattern = r'[lab]'
sequence = 'I come from Boston not Amsterdam'
obj = re.search(pattern, sequence)
if obj:
    print("We found a match here @",obj.group())
else:
    print("Sorry no match found.")
```

在本例中，a与Amsterdam中的a匹配。Boston中的B和Amsterdam中的A则被视为不匹配。输出结果如下所示。

```
We found a match here @  a
>>>
```

现在阅读以下代码片段，它将匹配单词love或者dove，但不匹配单词move。

```
import re
pattern = r'[ld]ove'
sequence = 'i like dove'
obj = re.search(pattern, sequence)
if obj:
    print("We found a match here @",obj.group())
else:
    print("Sorry no match found.")
```

输出结果如下所示。

```
We found a match here @  dove
>>>
```

下面的代码非常有趣，因为代码检查是否与4～8的任何数字匹配。

```
import re
pattern = r'[4-8]'
sequence = '65 days in Paris'
obj = re.search(pattern, sequence)
if obj:
    print("We found a match here @",obj.group())
else:
    print("Sorry no match found.")
```

输出结果如下所示。

```
We found a match here @  6
>>>
```

5. 反斜杠（\）

在正则表达式中，当反斜杠（\）后跟一个已知的转义字符时，将使用该术语的特殊含义。以下示例代码演示了反斜杠（\）的使用方法。

```
import re
pattern = r'this is a\ttab'
sequence = 'this is atab'
obj = re.search(pattern, sequence)
if obj:
    print("We found a match here @",obj.group())
else:
    print("Sorry no match found.")
```

输出结果如下所示。

```
We found a match here @  this is atab
>>>
```

如果反斜杠后面跟一个普通字符，则反斜杠和该普通字符都被视为单个字符。

6. \w：小写字母 w

“\w”用于匹配任何单个字母、数字或者下划线。在下面的代码中，试图找到字母 p 的匹配项。示例代码如下所示。

```
import re
pattern = r'\wp'
sequence = 'i_love_python'
obj = re.search(pattern, sequence)
if obj:
    print("We found a match here at",obj.group())
else:
    print("Sorry no match found.")
```

输出结果如下所示。

```
We found a match here at _p
>>>
```

类似地，以下代码使用“\w”查找字母 Y 的匹配项。

```
import re
pattern = r'\wY'
sequence = 'I LOVE PYTHON'
obj = re.search(pattern, sequence)
if obj:
    print("We found a match here at",obj.group())
else:
    print("Sorry no match found.")
```

输出结果如下所示。

```
We found a match here at PY
>>>
```

7. \W：大写字母 W，用于匹配任何不属于\w 的字符

在前面我们使用了“\w”，它是一个单词字符，可以匹配单个字母、数字或者下划线（基本上属于 a ~ z、A ~ Z、0 ~ 9 和下划线“_”类的任何字符）。下面将了解与其对应的大写字母“\W”，它用于查找非单词字符，完成“\w”无法完成的任务。示例代码如下所示。

```
import re
pattern = r'\WP'
sequence = 'I LOVE @ PYTHON'
obj = re.search(pattern, sequence)
if obj:
    print("We found a match here at",obj.group())
else:
    print("Sorry no match found.")
```

输出结果如下所示。

```
We found a match here at @ P
>>>
```

8. \s:用于匹配等于［\t\n\r\f］的空白字符

s 表示空白字符，具体包括空格、制表符、回车符、换行符、换页符。示例代码如下所示。

```
import re
pattern = r'\sY'
sequence = 'I LOVE PYTHON'
obj = re.search(pattern, sequence)
if obj:
    print("We found a match here at",obj.group())
else:
    print("Sorry no match found.")
```

输出结果如下所示。

```
Sorry no match found.
>>>
```

下面是另一个例子。

```
import re
pattern = r'\sP'
sequence = 'I LOVE PYTHON'
obj = re.search(pattern, sequence)
if obj:
```

```
    print("We found a match here at",obj.group())
else:
    print("Sorry no match found.")
```

输出结果如下所示。

```
We found a match here at P
>>>
```

9. \d:用于匹配数字字符

示例代码如下。

```
import① re
pattern = r'\ d'
sequence = '50 days in Paris'
obj = re.search (pattern, sequence)
if obj:
    print (" We found a match here at", obj.group ())
else:
    print (" Sorry no match found.")
```

输出结果如下所示。

```
We found a match here at 5
>>>
```

10. \D:用于匹配非数字字符

示例代码如下所示。

```
import re
pattern = r'\Dis'
sequence = '50 days in Paris'
obj = re.search(pattern, sequence)
if obj:
    print("We found a match here at",obj.group())
else:
    print("Sorry no match found.")
```

输出结果如下所示。

```
We found a match here at ris
>>>
```

11. \A:用于匹配字符串的开头

示例代码如下所示。

---

① 译者注：此处原著有误，Python 大小写意义不同，import 应该全部小写。

```
import re
pattern = r'\A50'
sequence = '50 days in Paris'
obj = re.search(pattern,sequence)
if obj:
    print("We found a match here at",obj.group())
else:
    print("Sorry no match found.")
```

输出结果如下所示。

```
We found a match here at 50
>>>
```

12. \Z:与 $ 相同

\Z 用于匹配字符串的结尾。如果存在换行符，则在换行符之前匹配。示例代码如下所示。

```
import①re
pattern = r's\Z'
sequence = '50 days in Paris'
obj = re.search (pattern, sequence)
if obj:
    print (" We found a match here at", obj.group ())
else:
    print (" Sorry no match found.")
```

输出结果如下所示。

```
We found a match here at s
>>>
```

以下示例代码检查三个字母 q，r 或 s 中的任何一个是否与字符串 50 days in Paris 的结尾匹配。

```
import re
pattern = r'[qrs]\Z'
sequence = '50 days in Paris'
obj = re.search(pattern, sequence)
if obj:
    print("We found a match here at",obj.group())
else:
    print("Sorry no match found.")
```

输出结果如下所示。

---

① 译者注：此处原著有误，Python 大小写意义不同，import 应该全部小写。

```
We found a match here at s
>>>
```

13. \b:只用于匹配单词的开头

\b 用于搜索整个单词。在下面的单词中，指定的模式是'\b[O-S]aris'，这意味着 Oaris，Paris 和 Saris 这三个单词都将是正确的匹配。序列中包含单词 Paris，因此找到了匹配项。示例代码如下所示。

```
import re
pattern = r'in \b[O-S]aris'
sequence = '50 days in Paris'
obj = re.search(pattern, sequence)
if obj:
    print("We found a match here at",obj.group())
else:
    print("Sorry no match found.")
```

输出结果如下所示。

```
We found a match here at in Paris
>>>
```

4.8.3 重复

在本小节中，我们将讨论如何使用正则表达式检查重复内容。具体包括以下四种方法：+、*、{}、?

1. +

"+"用于检查前面的字符是否从该位置开始出现一次或者多次。示例代码如下所示。

```
import re
pattern = r'o+k'
sequence = 'I love to cook'
obj = re.search(pattern, sequence)
if obj:
    print("We found a match here at",obj.group())
else:
    print("Sorry no match found.")
```

输出结果如下所示。

```
We found a match here at ook
>>>
```

2. *

"*"用于检查前面的字符是否从该位置开始出现零次或者多次。示例代码如下所示。

```
import re
pattern = r'co*'
sequence = 'I love to cook'
obj = re.search(pattern, sequence)
if obj:
    print("We found a match here at",obj.group())
else:
    print("Sorry no match found.")
```

输出结果如下所示。

```
We found a match here at coo
>>>
```

3. {}

{x} 用于检查序列是否恰好重复 x 次。{x,} 用于检查序列是否重复 x 次或者更多次（也就是说，是否至少重复 x 次），{x, y} 用于检查序列是否重复 x 次，但不超过 y 次。示例代码如下所示。

```
import① re
pattern = r'co {2} '
sequence = 'I love cooking'
obj = re.search (pattern, sequence)
if obj:
    print (" We found a match here at", obj.group ())
else:
    print (" Sorry no match found.")
```

输出结果如下所示。

```
We found a match here at coo
>>>
```

在下面的示例代码中，尝试查找 4 个连续的非数字序列的匹配项。

```
import re
pattern = r'\D{4}'
sequence = 'I love cooking'
obj = re.search(pattern, sequence)
if obj:
    print("We found a match here at",obj.group())
else:
    print("Sorry no match found.")
```

---

① 译者注：此处原著有误，Python 大、小写意义不同，import 应该全部小写。

输出结果如下。

```
We found a match here at I lo
>>>
```

4. ?

“?”用于检查前一个字符从该位置开始是否正好出现零次或者一次。示例代码如下所示。

```
import re
pattern = r'Ital? ly'
sequence = 'I am in Italy'
obj = re.search(pattern, sequence)
if obj:
    print("We found a match here at",obj.group())
else:
    print("Sorry no match found.")
```

输出结果如下所示。

```
We found a match here at Italy
>>>
```

4.8.4　分组

正则表达式有一个称为分组的特性，它允许我们提取匹配文本的一部分。这些部分以圆括号()为界，称为组。圆括号在匹配的序列中形成组。

请阅读以下代码。

```
import re
pattern =r'([\w\.-]+)@([\w\.-]+)'
sequence = 'Contact: meenu.kohli@yahoo.com'
obj = re.search(pattern, sequence)
if obj:
    print("We found a match here at",obj.group())
    print("We found a match here at",obj.group(1))
    print("We found a match here at",obj.group(2))
else:
    print("Sorry no match found.")
```

请仔细阅读代码中的正则表达式：r'([\w\.-]+)@([\w\.-]+)'。

该正则表达式包含以下两个组。

(1)（[\w\.-]+）：方括号表示括号中的任何字符，即“\w”表示单词字符；“\.”表示点；“-”表示连字符；“+”表示重复任意次数。

（2）（[\w\. -] +)：与第一组相同。

两个组之间必须存在“@”符号。

输出结果如下所示。

```
We found a match here at meenu.kohli@ yahoo.com
We found a match here at meenu.kohli
We found a match here at yahoo.com
>>>
```

可以使用（? P[①] <name>...）创建命名组。示例代码如下所示。

```
import re
pattern =r'(? P<email>(? P<user>[ \w\. - ] +)@ (? P<domain>[ \w\. - ] +))'
sequence = 'Contact: meenu.kohli@ yahoo.com'
obj = re.search(pattern, sequence)
if obj:
    print("We found a match here at",obj.group('email'))
    print("We found a match here at",obj.group('user'))
    print("We found a match here at",obj.group('domain'))
else:
    print("Sorry no match found.")
```

输出结果如下所示。

```
We found a match here at meenu.kohli@ yahoo.com
We found a match here at meenu.kohli
We found a match here at yahoo.com
>>>
```

4.8.5　re 模块提供的函数

在本小节中，我们将学习 re 模块提供的一些函数，具体如下。

1. compile( )函数

compile( )函数用于将正则表达式编译为对象，然后对其执行匹配。如果我们必须在单个程序中多次使用正则表达式，那么这个函数非常有用。在这种情况下，使用正则表达式对象比使用字符串更有效。

compile( )函数的语法格式如下：

```
compile(pattern, flags =0)
```

① 译者注：原书此处有误，应该有一个字母 P。

示例代码如下所示。

```
import re
pattern =re.compile(r'[xyz]ahoo')
sequence = 'Contact: meenu.kohli@ yahoo.com'
if pattern.search(sequence):
    print("We found a match here at",pattern.search(sequence).group())
else:
    print("Sorry no match found.")
```

输出结果如下所示。

```
We found a match here at yahoo
>>>
```

2. search( )函数

search( )函数返回正则表达式查找到匹配项后的第一个位置。

search( )函数的语法格式如下：

```
search(pattern, string, flags =0)
```

示例代码如下所示。

```
import re
pattern =r'Con[yht]act'
sequence = 'Contact: meenu.kohli@ yahoo.com'
obj = re.search(pattern, sequence)
if obj:
    print("We found a match here at",obj.group())
    print(obj)
else:
    print("Sorry no match found.")
```

如果输出对象，将获得匹配位置的详细信息。输出结果如下所示。

```
We found a match here at Contact
<re.Match object; span =(0, 7), match ='Contact'>
>>>
```

3. match( )函数

match( )函数用于在字符串开头查找匹配项。match( )函数的语法格式如下：

```
match(pattern, string, flags =0)
```

示例代码如下所示。

```
import re
pattern =r'Con[yht]act'
sequence = 'Contact: meenu.kohli@ yahoo.com'
obj = re.match(pattern, sequence)
if obj:
    print("We found a match here at",obj.group())
    print(obj)
else:
    print("Sorry no match found.")
```

输出结果如下所示。

```
We found a match here at Contact
<re.Match object; span=(0, 7), match='Contact'>
>>>
```

4. findall()函数

findall()函数用于查找所有可能的匹配项。findall()函数的语法格式如下：

```
findall(pattern, string, flags=0)
```

示例代码如下所示。

```
import re
pattern =r'[ld]ove'
sequence = 'I love dove'
obj = re.findall(pattern,sequence)
if obj:
    print("We found a match here at")
    for i in obj:
        print(i)
else:
    print("Sorry no match found.")
```

输出结果如下所示。

```
We found a match here at
love
dove
>>>
```

5. finditer()函数

finditer()函数用于查找所有对象，但返回一个迭代器。该函数适用于查找有关搜索结果的详细信息的情况。示例代码如下所示。

```
import re
pattern =r'[ld]ove'
sequence = 'I love dove'
obj = re.finditer(pattern,sequence)
if obj:
    print("We found a match here at")
    for i in obj:
        print(i)
else:
    print("Sorry no match found.")
```

输出结果如下所示。

```
We found a match here at
<re.Match object; span=(2, 6), match='love'>
<re.Match object; span=(7, 11), match='dove'>
>>>
```

6. sub( )函数

sub( )函数用于用替换项替换匹配项最左边的匹配项。sub( )函数的语法格式如下：

```
sub(pattern, replacement, string, count=0, flags=0)
```

示例代码如下所示。

```
import re
pattern =r'([\w]{5}).([\w]{5})'
sequence = 'my name is meenu.kohli'
obj = re.search(pattern,sequence)
repl = re.sub(pattern,r'virat.kohli',sequence)
print(repl)
```

输出结果如下所示。

```
my name is virat.kohli
>>>
```

7. split( )函数

split( )函数用于在与模式匹配的任何位置拆分字符串，并在列表中返回所有拆分结果。split( )函数的语法格式如下：

```
split(string,[maxsplit =0])
```

示例代码如下所示。

```
import re
pattern =r''
```

```
sequence = 'my name is meenu.kohli'
obj = re.compile(pattern)
lst1 = obj.split(sequence)
print(lst1)
```

输出结果如下所示。

```
['my','name','is','meenu.kohli']
>>>
```

4.8.6 编译标志

表4－2列出了正则表达式中使用的编译标志列表。

表4－2 正则表达式中使用的编译标志列表

编译标志	解释说明
IGNORECASE(I)	允许不区分大小写的匹配
DOTALL(S)	允许英文句点（.）匹配任何字符，包括换行符
MULTILINE(M)	允许字符串开头（^）和字符串结尾（$）锚点也匹配换行符
VERBOSE(X)	允许在正则表达式中写入空格和注释，以增加其可读性

本章要点

- 字符串是不可变对象。
- 字符串是由Unicode字符编码的有序序列。
- 可以使用单引号（'…'）或者双引号（"…"）创建字符串。
- 三重引号（'''…'''）中的字符串用于多行注释或者创建文档字符串。
- 可以使用内置的print()函数显示字符串。
- 反斜杠（\）用于打印具有特殊含义且不能以普通字符串打印的字符。
- Python中的一些重要转义字符如下。
  - \\：反斜杠。
  - \'：单引号。
  - \"：双引号。
  - \f：ASCII换页符。
  - \n：ASCII换行符。
  - \t：ASCII水平制表符。
  - \v：ASCII垂直制表符。

- input( )函数用于接收用户的输入。
- input( )函数的语法格式是 input（[prompt]），其中 prompt（提示）是希望在屏幕上显示的字符串。
- 类型转换是一种非常简单直接的方法，用于将变量从一种数据类型转换为另一种数据类型。
- 可以将数值从一种类型转换为另一种类型，也可以将数值转换为字符串值，但字符串值有可能无法转换为数值。
- 正则表达式提供了一个解析器，可以用于匹配文本中的字符串。
- 为了使用正则表达式，必须导入 re 模块。
- 英文句点（.）用于匹配除换行符以外的任何单个字符。
- 脱字符（^）用于匹配字符串的开头。
- 美元符号（$）用于将模式与字符串结尾匹配。
- 方括号（[]）用于将括号内的任何字符与字符串匹配。
- 在正则表达式中，当反斜杠后跟一个已知的转义字符时，表示该术语具有特殊的含义。
- \w：小写字母 w 用于匹配任何单个字母、数字或者下划线。
- \W：大写字母 W 用于匹配任何不属于\w 的字符。
- \s：用于匹配空白符，等价于［\t\n\r\f］[①]。
- \d：用于匹配数字字符。
- \D：用于匹配非数字字符。
- \A：用于匹配字符串的开头。
- \Z：与 $ 相同，用于匹配字符串的结尾。如果存在换行符，则正好在换行符之前匹配。
- \b：只用于匹配单词的开头。
- +：用于检查前面的字符是否从该位置开始出现一次或者多次。
- *：用于检查前面的字符是否从该位置开始出现零次或者多次。
- {x}：用于检查序列是否正好重复 x 次。{x,} 用于检查序列是否重复至少 x 次（也就是说，x 次或者更多次），{x, y} 用于检查序列是否重复 x 次，但不超过 y 次。
- ?：用于检查前一个字符从该位置开始是否正好出现零次或者一次。
- compile( )函数用于将正则表达式编译为对象，然后对其执行匹配。
- search( )函数用于查找正则表达式匹配项的第一个位置。
- match( )函数用于在字符串开头查找匹配项。

① 译者注：原著此处有误，应该是“［\t\n\r\f］”。

- findall( )函数用于查找所有可能的匹配项。
- finditer( )函数用于查找所有对象，返回一个迭代器。
- sub( )函数使用替换项替换匹配项最左边的匹配项。
- split( )函数用于在任何与模式匹配的地方分割字符串，并在列表中返回所有分割。

本章结论

本章阐述的内容（字符串）非常重要，因为字符串是处理列表和元组等其他数据类型的基础。字符串是最重要的数据类型之一。虽然字符串的概念很简单，但是如果没有经过很好的实践，可能导致概念上以及使用上的混淆。借助字符串，用户可以完成很多处理任务。在阅读第 5 章（关于列表和数组）之前，请读者确保已经很好地理解了本章的内容。

本章习题

一、选择题

1. 以下哪个函数用于在屏幕上显示消息？(　　)

a. cout( )　　b. display( )　　c. print( )　　d. println( )

2. 通过以下哪个函数可以将用户指定的值赋给变量？(　　)

a. cin( )　　b. enter( )　　c. input( )　　d. data( )

3. 用户输入被解读为以下哪种数据类型？(　　)

a. 列表　　b. 字符串　　c. 布尔值　　d. 整数值

4. 以下哪个选项可以声明 print( )函数参数之间的分隔符？(　　)

a. sep:　　b. separate =　　c. separate:　　d. sep =

5. 假设有赋值语句“num = "Hello World!"”，则变量 num 是什么类型？[①]
(　　)

a. 浮点类型　　b. 字符串类型

c. 列表类型　　d. 整数类型

6. 以下哪个模块支持正则表达式？(　　)

a. re　　b. regex　　c. regexp　　d. rexp

参考答案：

1. c　2. c　3. b　4. d　5. b　6. a

① 译者注：原著此处有误，此题描述不完备，译者已做了适当的补充和完善。

二、填空题

1. 字符串是__________变量。

参考答案：不可变。

2. ________表示换行符。

参考答案：\n。

3. 在默认模式下，英文句点（.）可以匹配除________以外的所有字符。

参考答案：换行符。

4. 上一个正则表达式后加表达式 x{6} 将匹配多少个字符？

参考答案：正好是 6 个字符。

5. ________用于匹配字符串序列的开头，________用于匹配字符串序列的结尾。

参考答案：^、$。

6. __________用于清除正则表达式缓存。

参考答案：re. purge()。

三、简答题

1. 如何定义字符串字面量？

参考答案：可以使用单引号、双引号或者三重引号来定义字符串字面量。示例代码如下所示。

```
>>> a = "Hello World"
>>> b = 'Hi'
>>> type(a)
<class'str'>
>>> type(b)
<class'str'>
>>>
>>> c = """Once upon a time
in a land far far away
there lived a king"""
>>> type(c)
<class'str'>
>>>
```

2. 以下代码片段的输出结果是什么？

```
xmas = ('Merry \t Christmas')
```

参考答案：MerryChristmas。

3. 如何打印反斜杠（\）？

参考答案：print('\\')。

4. 请列举 Python 中重要的转义序列。

参考答案：Python 中的一些重要转义字符如下。

（1）\\：反斜杠。

（2）\'：单引号。

（3）\"：双引号。

（4）\f：ASCII 换页符。

（5）\n：ASCII 换行符。

（6）\t：ASCII 水平制表位。

（7）\v：ASCII 垂直制表位。

5. 代码片段"re.findall（r'my email','email'）"的输出结果是什么？

参考答案：[]。

6. 哪个函数用于创建正则表达式对象？

参考答案：compile()。

7. match()函数和 search()函数的主要区别是什么？

参考答案：match()函数只在字符串开头查找匹配项，而 search()函数在字符串中的任何位置查找匹配项。

8. re.I 的功能是什么？

参考答案：不区分大、小写。因此，A～Z 的字符也将匹配其等效的小写字母。

9. 代码片段"re.compile('London', re.X)"的输出结果是什么？

参考答案：re.compile('London', re.VERBOSE)。

10. 以下代码片段的输出结果是什么？

```
re.split('[a-c]','cba888', re.I)
re.split('[x-z]','7ey2888', re.I)
re.split('lon','london')
```

参考答案：

['', '', 'a888']

['7e', '2888']

['', 'don']

11. re.sub()函数和 re.subn()函数的区别是什么？

参考答案：re.sub()函数的输出结果是一个字符串，而 re.subn()函数的输出结果是一个元组。示例代码如下所示。

```
import re
pattern =r'([\w]{5}).([\w]{5})'
sequence = 'my name is meenu.kohli'
print("output for re.subn()")
repl = re.subn(pattern,r'virat.kohli',sequence)
```

```
print(repl)
print("output for re.sub()")
repl = re.sub(pattern,r'virat.kohli',sequence)
print(repl)
```

输出结果如下所示。

```
output for re.subn()
('my name is virat.kohli', 1)
output for re.sub()
my name is virat.kohli
```

12. 以下代码片段的输出结果是什么？

```
re.findall('happi','happiness without happi is not happiness')
```

参考答案：['happi', 'happi', 'happi']。

13. 给定一个系列：'t10 = 8, t12 = 15, m2 = 46'。编写一个正则表达式，使用 split()函数生成以下输出结果。

['', 't10', ' = 8, ', 't12', ' = 15, m2 = 46']

参考答案：re.split(r'(t\d\d)','t10 = 8, t12 = 15, m2 = 46')。

14. re.compile(str)方法的作用是什么？

参考答案：re.compile(str)方法的作用是将正则表达式的模式编译成正则表达式的对象。

15. 编写在控制台上打印 Hello World! 的基本代码。

参考答案：print('Hello World! ')。

四、编程题

1. 以下代码片段的输出结果是什么？

```
>>> a_string = 'I Like \n Tennis, \n\'\Cricket, \'\n"Baseball", \n
Watching movies, and cooking'
>>> print(a_string)
```

参考答案：

```
I Like
 Tennis,
'\Cricket,'
"Baseball",
Watching movies, and cooking
```

2. 猜一猜 Shell 中缺少的代码行。

```
>>> number = input("Please enter an integer value : ")
#猜一猜此处缺少的代码行
________________
>>> number
'18'
>>>
```

参考答案：Please enter an integer value : 18。

3. 在下列代码片段中，num1 的数据类型是__________，num2 的数据类型是________。

```
num1 = input('Enter a number : ')
num2 = int(num1)
```

参考答案：字符串、整数。

4. 假设 x = y = z ='8'，那么 type(y)的值是________。

参考答案：<class 'str'>。

5. 以下代码片段的输出结果是什么？

```
>>> str = 'Hello World'
>>> num1 = 3.7
>>> str(num1)
```

参考答案：该代码片段将产生错误 TypeError ('str' object is not callable)。

6. '300'+'05' = __________。

参考答案：'30005'。

7. 以下代码片段的输出结果是什么？

```
>>> string1 = "HAPPY-BIRTHDAY!!!"
>>> string1[-1:-9:-2]
```

参考答案：'!! AH'。

8. 假设输出结果如下所示，请填写代码中的空格。

输出结果如下所示。

```
We found a match here at <re.Match object; span=(10, 15), match='NNNNN'>
```

程序代码如下所示。

```
import re
pattern =r'[N]{_}'
```

```
sequence = 'THIS IS FUNNNNNNNNNNNNNNN'
obj = re. __________(pattern, sequence)
if obj:
print("We found a match here at",obj)
else:
print("Sorry no match found.",obj)
```

参考答案：5、search。

9. 以下代码片段的输出结果是什么？

```
import re
pattern = r'(.*)'
sequence = 'Hello World!'
obj = re.match(pattern, sequence)
if obj:
print("We found a match here at",obj.group())
else:
print("Sorry no match found.")
```

参考答案：We found a match here at Hello World!。

10. 以下代码片段的输出结果是什么？

```
import re
pattern = '(?P<who>\w+) (?P<verb>\w+) (?P<what>\w+)'
sequence = 'God is Great'
obj = re.compile(pattern)
x = obj.search(sequence)
print(x.group(1))
```

参考答案：God。

11. 以下代码片段的输出结果是什么？

```
import re
pattern = '(?P<who>\w+) (?P<verb>\w+) (?P<what>\w+)'
sequence = 'God is Great'
obj = re.compile(pattern)
x = obj.search(sequence)
print(x.groups())
```

参考答案：('God', 'is', 'Great')。

12. 编写从字符串中删除换行符的代码。

参考答案：

```
str1 = '''What can I say
There is nothing to say
but will still say'''
lst1 = str1.splitlines()
str2 = ''.join(lst1)
print(str2)
```

13. 编写代码，检查字符串是否以一组字符（子字符串）开头。

参考答案：

```
str1 = input("Enter the string you want to check : ")
str2 = input("Enter the sub-string : ")
print("{} starts with {} is a {}
statement.".format(str1,str2,str1.startswith(str2)))
```

14. 编写代码，反转一个字符串的内容。

参考答案：

```
str1 = input("Enter the string you want to reverse : ")
print("The reverse is : ",str1[::-1])
```

15. 编写一个程序，从字符串中删除其中出现的全部某个特定单词。

参考答案：

```
str1 = input("Enter the string : ")
str2 = input("Enter the word you want to remove : ")
str3 = str1.replace(str2,'')
print("The new string is {}.".format(str3))
```

16. 编写一个程序来交换两个字符串的内容。

参考答案：

```
str1 = input("Enter the first string : ")
str2 = input("Enter the second string : ")
print("The first string str1 is : {}".format(str1))
print("The second string str2 is : {}".format(str2))
str1, str2 = str2, str1
print("after swapping")
print("str1 is : {}".format(str1))
print("str2 is : {}".format(str2))
```

17. 编写一个程序来拼接两个字符串，要求不使用“+”运算符，并将结果存储在第三个字符串中。

参考答案：

```
str1 = input("Enter the first string : ")
str2 = input("Enter the second string : ")
str3 = str1
str3 + = str2
print("The new string is {}.".format(str3))
```

18. 编写代码，获取用户输入的字符串，并将该字符串的前两个字符和最后两个字符拼接起来形成一个新的字符串。

参考答案：

```
a = input("Enter the string : ")
first_two = a[0:2]
last_two = a[(len(a)-2):]
final = first_two + last_two
print(final)
```

19. 编写代码，获取用户输入的字符串。从获取的字符串中获取第一个字符，并用空格（“ ”）替换出现的所有该字符（第一个字符本身除外）。

参考答案：

```
a1 = input("Enter the string : ")
a2 = a1[1:]
a3 = a1[0] + a2.replace(a1[0],'')
print(a3)
```

20. 编写一个程序，获取用户输入的全名（名字、中间名和姓氏）作为输入信息，要求显示用户全名的缩写：以大写字母显示名字和中间名的首字母缩写，首字母缩写用点分隔，然后再跟一个空格和用户的姓氏。

参考答案：

```
str1 = input("Enter the full name : ")
lst1 = str1.split()
str2 = lst1[0][0].upper() +'.'+lst1[1][0].upper() +'.'+lst1[2].
capitalize()
print(str2)
```

输出结果如下所示。

```
Enter the full name : Meenu Rishiraj kohli
['Meenu','Rishiraj','kohli']
M.R.kohli
>>>
```

21. 编写代码，从字符串中删除一组字符。

参考答案：

```
str1 = input("Enter the string : ")
str2 = input("Enter the set of characters you want to strip : ")
print("The new string is : {}".format(str1.strip(str2)))
```

输出结果如下所示。

```
Enter the string : $ 4
Enter the set of characters you want to strip : $
The new string is : 4
>>>
```

22. 编写代码，将字符串插到另一个字符串的中间。

参考答案：

```
str1 = input("Enter the string : ")
str2 = input("Enter the string that you want to insert : ")
str3 = str1[:(len(str1)//2)]+str2+str1[(len(str1)//2):]
print(str3)
```

23. 假设有字符串 str1 = "i love python"。编写代码，将其分别转换为以下字符串。

(1) I love python

(2) I LOVE PYTHON

(3) I Love Python

(4) i don't love python

参考答案：

```
#(1)
str1 = "i love python"
str2 = str1.capitalize()
print(str2)
#(2)
str2 = str1.upper()
print(str2)
#(3)for 循环示例
lst1 = str1.split()
for i in range(len(lst1)):
lst1[i] = lst1[i].capitalize()
str2 = ''.join(lst1)
print(str2)
```

```
#(4)
str2 = str1[:2] + "don't" + str1[1:]
print(str2)
```

24. 位于字符串索引值 -2 处的字符是什么？

参考答案：索引值 -2 将提供字符串的倒数第 2 个字符。示例代码如下所示。

```
>>> string1 = "HAPPY"
>>> string1[-1]
'Y'
>>> string1[-2]
'P'
>>>
```

25. 编写代码实现以下功能。

（1）显示一条消息（“Enter your age :”），提示用户输入其年龄。

（2）将获取的值赋给名为 age 的变量。

（3）使用 print( ) 函数显示消息“Your age is age.”。

参考答案：

```
age = input('Enter your age :')
print('Your age is {}.'.format(age))
```

输出结果如下所示。

```
Enter your age : 35
Your age is 35.
```

26. 假设有两个变量：a = 'Python', b = '3.8'。使用这两个变量打印消息“This is Python 3.8.”。

参考答案：

```
a = 'Python'
b = '3.8'
print('This is {} {}.'.format(a,b))
```

输出结果如下所示。

```
This is Python 3.8.
```

27. 以下代码片段的输出结果是什么？

（1）代码片段 1。

```
>>> string1 = "I Love Python"
```

```
>>> letter = string1[ -5]
>>> print(letter)
```

输出结果如下所示。

```
y
```

(2) 代码片段2。

```
>>> string1 = "I Love Python"
>>> string1[9:3]
```

输出结果如下所示。

```
"
```

(3) 代码片段3。

```
string1 = "Good"
string2 = "Morning"
temp = string1[0]
string3 = string1.replace(string1[0],string2[0]) + " " + string2.replace
(string2[0],temp)
print(string3)
```

输出结果如下所示。

```
Mood Gorning
```

(4) 代码片段4。

```
str1 = "I love Python"
str2 = "I learn Python"
print(str1[6])
print(str2 * 2)
print(str2[:9])
print(str1[ -9])
print(str1[ -2:])
print(str2 + " & Java")
```

输出结果如下所示。

```
I learn PythonI learn Python
I learn P
v
on
I learn Python & Java
```

（5）代码片段 5。

```
str1 = "I love Python I love Java I love C but I only like C ++ "
print(str1.replace('love','like'))
print(str1.replace('I','we',2))
```

输出结果如下所示。

```
I like Python I like Java I like C but I only like C ++
we love Python we love Java I love C but I only like C ++
```

（6）代码片段 6。

```
str1 = "I love Python I love Java I love C but I only like C ++ "
print(str1.count('o'))
print(str1.count('o', 4, 25))
```

输出结果如下所示。

```
5
2
```

（7）代码片段 7。

```
str1 = "I love Python I love Java I love C but I only like C ++ "
print(str1.find('ove',3,30))
```

输出结果如下所示。

```
3
```

（8）代码片段 8。

```
str1 = "I love Python I love Java I love C but I only like C ++ "
print(str1.index('love'))
```

输出结果如下所示。

```
2
```

（9）代码片段 9。

```
str1 = "I love Python I love Java I love C but I only like C ++ "
print(str1.index('love',10,30))
```

输出结果如下所示。

```
16
```

（10）代码片段 10。

```
str1 = "Happy Birthday"
print(str1.startswith("Happy"))
```

输出结果如下所示。

```
True
```

（11）代码片段 11。

```
str1 = "Happy Birthday"
print(str1.endswith("New Year"))
```

输出结果如下所示。

```
False
```

（12）代码片段 12。

```
str1 = "I love Python "
print(str1[1:-4])
print(str1[:6])
print(str1[7:])
print(str1[4:-1])
```

输出结果如下所示。

```
love Pyt
I love
Python
ve Python
```

（13）代码片段 13。

```
str1 = "I love Python "
print("love" in str1)
```

输出结果如下所示。

```
True
```

（14）代码片段 14。

```
str1 = "I love Python "
print("like" not in str1)
```

输出结果如下所示。

```
True
```

（15）代码片段 15。

```
>>> "child" != "children"
```

输出结果如下所示。

```
True
```

（16）代码片段 16。

```
a = "hug79hiu8"
a.isalnum()
```

输出结果如下所示。

```
True
```

（17）代码片段 17。

```
str1 = "I love Python "
print((str1 + "16545").isalnum())
```

输出结果如下所示。

```
False
```

注意：

输出为 False，因为字符串有空格，所以不是字母数字。

（18）代码片段 18。

```
str1 = "IlovePython"
print((str1 + "16545").isalnum())
```

输出结果如下所示。

```
True
```

（19）代码片段 19。

```
import re
pattern = re.compile('what', re.I)
sequence = 'What a beautiful day today'
obj = re.search(pattern, sequence)
if obj:
    print("We found a match here at",obj.group())
else:
    print("Sorry no match found.")
```

输出结果如下所示。

```
We found a match here at What
```

（20）代码片段 20。

```
>>> string1 = "HAPPY "
>>> string2 = "BIRTHDAY!!!"
>>> (string1 + string2) * 3
```

输出结果如下所示。

```
'HAPPY BIRTHDAY!!! HAPPY BIRTHDAY!!! HAPPY BIRTHDAY!!! '
```

28. 以下代码片段的输出结果是什么？

```
import re
pattern = re.compile('good')
sequence = 'Today is a good day'
repl = re.sub(pattern,r'Great',sequence)
print(repl)
```

输出结果如下所示。

```
Today is a Great day
```

29. 以下代码片段的输出结果是什么？

```
import re
pattern = re.compile('i love', re.S)
sequence = 'I Love Paris'
obj = re.search(pattern, sequence)
if obj:
print("We found a match here at",obj.group())
else:
print("Sorry no match found.")
```

输出结果如下所示。

```
Sorry no match found.
```

30. 以下代码片段的输出结果是什么？

```
>>> str1 = "\t\tHi\n"
>>> print(str1.strip())
What will be the output?
```

输出结果如下所示。

```
Hi
```

五、论述题

1. 什么是执行序列字符或者转义序列字符？

参考答案：字母、数字或者特殊字符等字符可以轻松打印。但是，诸如换行符、制表符等空白字符不能像其他字符一样显示。为了嵌入这些字符，我们必须使用执行序列字符。这些字符以反斜杠（\）开头，后跟一个字符。示例代码如下所示。

（1）“\n”表示行的末尾。

```
>>> print("Happy \nBirthday")
Happy
Birthday
```

（2）“\\”表示打印反斜杠（\）。

```
>>> print('\\')
\
```

（3）“\t”表示打印水平制表符。

```
>>> print("Happy \tBirthday")
HappyBirthday
```

2. 借助代码示例，解释字符串中的切片操作。

参考答案：

如果知道字符串的位置和大小，Python 可以从字符串中提取字符块。我们只需指定提取位置的起点和终点。下面的示例代码显示了如何实现该操作。在本示例代码中，尝试检索从索引 4 开始到索引 7 结束的字符块，不包括索引 7 处的字符。

```
>>> string1 = "HAPPY - BIRTHDAY!!!"
>>> string1[4:7]
'Y - B'
>>>
```

如果在前面的示例代码中省略了第 1 个索引，那么将使用默认值 0，并且字符块的切片从字符串的开头开始。

```
>>> string1 = "HAPPY - BIRTHDAY!!!"
>>> string1[:7]
'HAPPY - B'
>>>
```

同样，如果没有指定第 2 个索引，那么字符块将从起始位置一直提取到字符串的末尾。

```
>>> string1 = "HAPPY - BIRTHDAY!!!"
>>> string1[4:]
'Y - BIRTHDAY!!! '
```

string1 ［:n］ +string1 ［n:］ 的结果始终与字符串 string1 相同。

```
>>> string1[:4] + string1[4:]
'HAPPY - BIRTHDAY!!! '
```

负索引也可以用于切片，但在这种情况下，计数将从字符串的末尾开始。

```
>>> string1 = "HAPPY - BIRTHDAY!!!"
>>> string1[ -5: -1]
'AY!! '
>>>
```

用户还可以提供3个索引值，示例代码如下所示。

```
>>> string1[1:7:2]
'AP -'
>>> string1[1:9:3]
'AYI'
>>>
```

在这个示例代码中，第1个索引是起点，第2个索引是终点（但不包括），第3个索引是步长（也就是检索下一个字符之前要跳过的字符数）。

3. 如何拼接字符串？将值168赋给变量height，将值56赋给变量weight，并使用f-字符串格式样式打印输出如下信息："height: 168 cms weight = 56 Kgs"。

参考答案：可以使用以下技术完成字符串拼接。

（1） +运算符。

```
>>> string1 = "Welcome"
>>> string2 = " to the world of Python!!!"
>>> string3 = string1 + string2
>>> string3
'Welcome to the world of Python!!! '
>>>
```

（2） join()函数。

join()函数用于返回一个字符串，该字符串包含由分隔符连接的字符串元素。join()函数的语法格式如下：

```
string_name.join(sequence)
```

示例代码如下所示。

```
>>> string1 = " - "
>>> sequence = ("1","2","3","4")
>>> print(string1.join(sequence))
1 -2 -3 -4
>>>
```

（3）% 运算符。

示例代码如下所示。

```
>>> string1 = "HI"
>>> string2 = "THERE"
```

示例代码如下所示。

```
>>> string3 = "% s % s" % (string1, string2)
>>> string3
'HI THERE'
>>>
```

（4） format( ) 函数。

示例代码如下所示。

```
>>> string1 = "HI"
>>> string2 = "THERE"
>>> string3 = "{} {}".format(string1, string2)
>>> string3
'HI THERE'
>>>
```

（5） f 字符串。

示例代码如下所示。

```
>>> string1 = "HI"
>>> string2 = "THERE"
>>> string3 = f'{string1} {string2}'
>>> string3
'HI THERE'
>>> height = 168
>>> weight = 56
>>>①print (f" Height: {height} Weight: {weight}")
Height: 168 Weight: 56
```

4. 如何在 Python 中重复字符串？

参考答案：可以使用乘(*)运算符或者 for 循环重复字符串（我们将在第 8 章中学习 for 循环）。具体示例代码如下所示。

① 译者注：原书此处有误，三行代码中均遗漏了“ >>> ”提示符。

（1）使用乘（*）运算符实现字符串的重复。

```
>>> string1 = "Happy Birthday!!!"
>>> string1 * 3
'Happy Birthday!!! Happy Birthday!!! Happy Birthday!!! '
>>>
```

（2）使用以下循环语句实现字符串的重复：for x in range(0,3)。

```
>>> for x in range(0,3):
print("HAPPY BIRTHDAY!!!")①
```

5. 从字符串 HAPPY 中分解出每一个字符的最简单的方法是什么？

参考答案：实现方法可以参考如下代码。

```
>>> string1 = "HAPPY"
>>> a,b,c,d,e = string1
>>> a
'H'
>>> b
'A'
>>> c
'P'
>>> d
'P'
>>> e
'Y'
>>>
```

6. 阅读以下代码片段，请问其输出结果是什么？

```
>>> string1 = "HAPPY"
>>> a,b = string1
```

参考答案：此代码片段将产生一个错误，表示需要解包的值太多，因为变量的数量与字符串中的字符数量不匹配。

7. 如何访问字符串 HAPPY 的第 4 个字符？

参考答案：通过使用 Python 类似数组的索引语法，可以访问字符串的任何字符。第 1 项的索引为 0，因此，第 4 项的索引为 3。

```
>>> string1 = "HAPPY"
>>> string1[3]
'P'
```

① 译者注：原书此处有误，for 循环中的 print( ) 函数需要缩进。

8. 如果要从最右端访问字符串的字符，应使用什么索引值（假设不知道字符串的长度）？

参考答案： 如果字符串的长度未知，仍然可以使用索引 -1 访问字符串最右边的字符。

```
>>> string1 = "Hello World!!!"
>>> string1[-1]
'!'
>>>
```

9. 程序员错误地创建了一个字符串 string1，其值为 HAPPU，现在需要更改最后一个字符的值。请问应该如何实现？

参考答案： 字符串是不可变的，这意味着一旦创建后就不能修改。如果试图修改字符串，将产生一个错误。

```
>>> string1 = "HAPPU"
>>> string1[-1] = "Y"
Traceback (most recent call last):
    File "<pyshell#9>", line 1, in <module>
        string1[-1] = "Y"
TypeError: 'str' object does not support item assignment
```

然而，有一种方法可以解决这个问题，即使用 replace() 函数。

```
>>> string1 = "HAPPU"
>>> string1.replace('U','Y')
'HAPPY'
```

这里，replace() 函数将创建一个新字符串，并将该值重新赋给 string1。因此，虽然 string1 未被修改，但实际上已被替换。

10. 请问 rpartition()[①] 函数和 partition() 函数的区别是什么？

参考答案： partition() 函数的结果是一个元组，它保留分隔符。

```
>>> date_string = "MM-DD-YYYY"
>>> date_string.partition("-")
('MM','-','DD-YYYY')
```

rpartition() 函数从另一端（字符串的右侧）查找分隔符。

```
>>> date_string = "MM-DD-YYYY"
>>> date_string.rpartition("-")
('MM-DD','-','YYYY')
>>>
```

① 译者注：原著此处有误，这里应该是 rpartition() 函数而不是 split() 函数。

11. split( )函数如何处理字符串？

参考答案： 该函数根据提供的分隔符检索字符块。split( )函数返回不带分隔符的子字符串列表。

（1）示例代码 1。

```
>>> string1 = "Happy Birthday"
>>> string1.split()
['Happy','Birthday']
```

（1）示例代码 2。

```
>>> time_string = "17:06:56"
>>> hr_str,min_str,sec_str = time_string.split(":")
>>> hr_str
'17'
>>> min_str
'06'
>>> sec_str
'56'
>>>
```

split( )函数还可以指定需要将字符串拆分的次数。

```
>>> date_string = "MM - DD - YYYY"
>>> date_string.split(" - ",1)
['MM','DD - YYYY']
```

如果希望从末尾（也就是字符串的右侧）查找分隔符，然后拆分字符串，那么可以使用 rsplit( )方法。

```
>>> date_string = "MM - DD - YYYY"
>>> date_string.rsplit(" - ",1)
['MM - DD','YYYY']
>>>
```

第 5 章

列表和数组

在本章中，我们将学习列表和数组。列表是一系列值，或多或少像一个容器，用于保存任何类型的数据。数组则是相同类型的数据集合。列表也是一种 Python 数据类型。如果用户了解了字符串的工作原理，那么学习列表将非常容易。

本章组织结构

- 列表概述，以及嵌套列表的使用
- 列表的操作、相关的函数和方法
  - 列表的操作：列表的连接、列表的重复、列表的切片、列表的成员关系、del( )方法等
  - 内置的列表方法：append( )、extend( )、insert( )、sort( )、pop( )、remove( )、reverse( )等
  - 内置的列表函数：all( )、any( )、len( )、count( )、index( )、max( )、min( )、sum( )、sorted( )、list( )、join( )等
- 别名和克隆，以及克隆列表的方法
- 列表解析
- 数组
  - 数组的属性
  - 访问数组元素
  - 修改数组元素
  - 增加数组元素
  - 删除数组元素（使用 del( )方法和 remove( )方法）

本章学习目标

阅读本章后，读者将掌握以下知识点。

- 创建并使用列表。
- 执行各种列表操作。
- 使用列表的内置函数和内置方法。
- 别名和克隆。
- 列表解析。
- 数组。

5.1　列表概述

列表是一系列值，或多或少像一个用来保存数据的容器。可以通过将所有元素放在方括号（[]）中，并使用逗号（,）对元素进行相互分隔的方式来创建列表。列表最有趣的部分是它可以包含不同类型的元素。包含另一个列表的列表称为嵌套列表，没有任何元素的列表称为空列表。

列表的语法格式如下：

```
list_value = [value1, value2, value3, …]
```

由于列表是一个序列，所以列表中的每个元素都有一个索引，可以通过索引来访问列表中的任何元素。第 1 个元素的索引为 0，第 2 个元素的索引为 1，第 3 个元素的索引为 2，依此类推。因此：

```
list_value[0] = value1
list_value[1] = value2
list_value[2] = value3
```

列表中索引的有趣之处在于，Python 中包含 n 个元素的列表可以从 0 到（n - 1）进行索引，也可以从 - 1 到 - n[①] 进行反向索引，如图 5 - 1 所示。

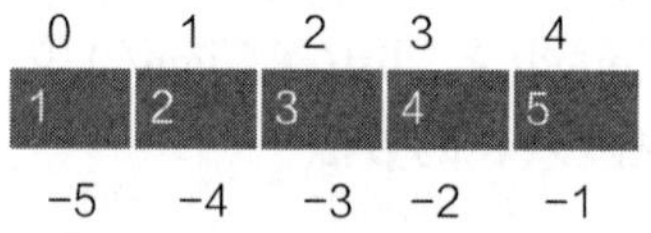

图 5 - 1　列表中的索引

```
>>> a = [1, 2, 3, 4, 5]
>>> a[0]
1
>>> a[1]
2
>>> a[2]
3
>>> a[3]
4
>>> a[4]
5
>>> a[ -1]
5
>>> a[ -2]
```

① 译者注：原著此处有误，应该是 - n。

```
4
>>> a[-3]
3
>>> a[-4]
2
>>> a[-5]
1
```

列表本质上是可变的，这意味着可以更改列表中的值。请阅读以下示例代码。

```
>>> list_1 = [1,2,3,"Apple",5]
>>> print(list_1)
[1,2,3,'Apple',5]
>>> list_1[3] = 4
>>> print(list_1)
[1,2,3,4,5]
>>>
```

正如读者所见，list_1 由 5 个元素组成：1，2，3，Apple 和 5。第 4 个元素与序列中的其他值不匹配，我们希望将第 4 个元素的值更改为 4。因此，可以通过索引 3 访问 list_1的第 4 个元素，并将其赋值为 4。

```
list_1[3] = 4
```

现在可以检查 list_1 中第 3 个元素的值是否已更改。打印 list_1 的值，输出结果为 [1, 2, 3, 4, 5]。

还有一种检查列表中是否存在特定元素的方法，那就是使用 in 运算符。如果元素出现在列表中，则输出结果为 True；否则输出结果为 False。在 Python IDLE 中尝试执行以下的代码片段。

```
>>> "Apple" in list_1
False
>>> 4 in list_1
True
>>>
```

下面介绍嵌套列表。

列表中的元素可以是任何类型，这意味着列表中的元素也可以是列表。当一个列表是另一个列表的元素时，该列表称为嵌套列表。

```
>>>a = [[1,2,3],['a','b','c'],[1,'a',2,'b']]
>>> for element in a:
        print(element)
[1,2,3]
['a','b','c']
[1,'a',2,'b']
```

用户可以访问嵌套列表中的元素，示例代码如下所示。

```
>>> a = [[1,2,3],['a','b','c'],[1,'a',2,'b']]
>>> #访问列表 a 的索引 2 处的元素(该元素为列表)的索引 2 处的元素
>>> a[2][2]
2
>>> #访问列表 a 的索引 1 处的元素(该元素为列表)的索引 0 处的元素
>>> a[1][0]
'a'
```

5.2 列表操作、列表函数和列表方法

在本节中，我们将学习一些可以对列表执行的相关操作，以及 Python 列表的内置函数和内置方法。

5.2.1 列表的操作

下面讨论一些重要的列表操作。在本小节中，我们将熟悉以下列表操作。

1. 列表的连接

可以使用“+”运算符将两个列表连接或者组合在一起。示例代码如下所示。

```
>>> list_1 = [1, 2, 3, 4, 5]
>>> list_2 = [6, 7, 8, 9, 10]
>>> main_list = list_1 + list_2
>>> print(main_list)
[1, 2, 3, 4, 5, 6, 7, 8, 9, 10]
```

2. 列表的重复

可以使用“*”运算符重复列表。示例代码如下所示。

```
>>> list_1 = [1, 2, 3, 4, 5]
>>> list_1*2
[1, 2, 3, 4, 5, 1, 2, 3, 4, 5]
>>> list_1*3
[1, 2, 3, 4, 5, 1, 2, 3, 4, 5, 1, 2, 3, 4, 5]
```

3. 列表的切片

列表的切片操作类似于字符串中的切片操作。使用冒号（:）运算符对列表进行切片，这完全类似于对字符串执行的切片操作。

列表切片的语法格式如下：

```
slice_name = list_name[start:stop:step]
```

假设列表 a = [1, 2, 3, 4, 5, 6, 7, 8, 9, 10, 11, 12, 13, 14, 15]。

- a[:]将显示列表 a 的全部元素内容。
- a[m:n]将显示列表 a 从索引 m（包括）到索引 n（不包括）的部分元素内容。
- a[:n]将显示列表 a 从开始（包括）到索引 n（不包括）的部分元素内容。
- a[m:]将显示列表 a 从索引 m（包括）到末尾的部分元素内容。
- a[m:n:s]将显示列表 a 从索引 m（包括）到索引 n（不包括）的部分元素内容，每个切片索引之间的增量（步长）为 s。

（1）没有指定开始索引和结束索引的示例代码如下所示。

```
>>> a = [1, 2, 3, 4, 5, 6, 7, 8, 9, 10, 11, 12, 13, 14, 15]
>>> a[:]
[1, 2, 3, 4, 5, 6, 7, 8, 9, 10, 11, 12, 13, 14, 15]
```

（2）同时指定了开始索引和结束索引的示例代码如下所示（见图 5-2）。

```
>>> a[2:8]
[3, 4, 5, 6, 7, 8]
```

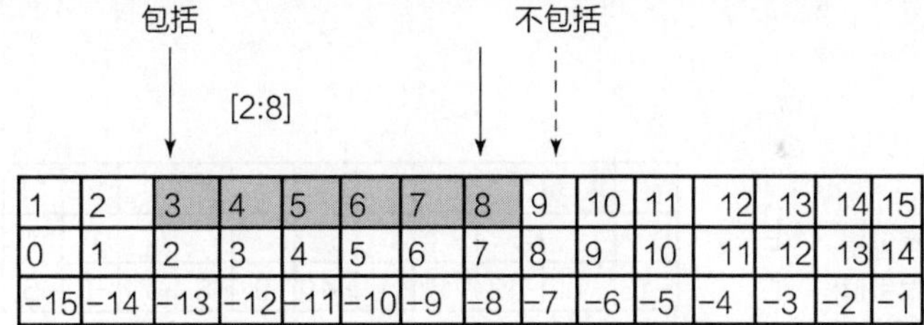

图 5-2　同时指定了开始索引和结束索引的示例

（3）仅指定了结束索引的示例代码如下所示（见图 5-3）。

```
>>> a[:9]
[1, 2, 3, 4, 5, 6, 7, 8, 9]
```

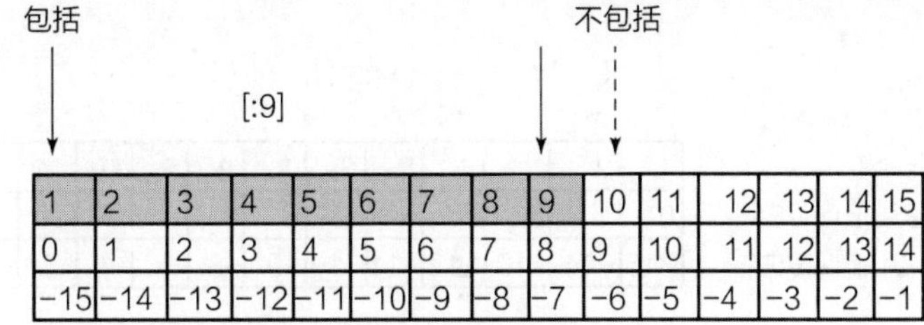

图 5-3　仅指定了结束索引的示例

（4）仅指定了开始索引的示例代码如下所示（见图 5-4）。

```
>>> a[8:]
[9, 10, 11, 12, 13, 14, 15]
```

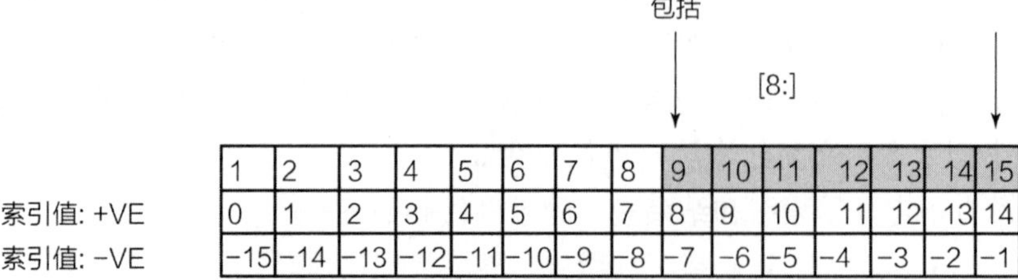

图 5-4　仅指定了开始索引的示例

（5）使用步长增量进行切片的示例代码如下所示（见图 5-5）。

```
>>>a = [1, 2, 3, 4, 5, 6, 7, 8, 9, 10, 11, 12, 13, 14, 15]
>>> a[1:10:2]
[2, 4, 6, 8, 10]
```

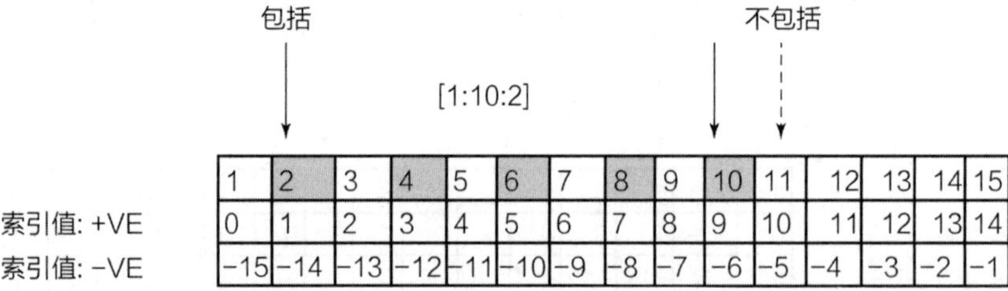

图 5-5　使用步长增量进行切片的示例

（6）仅指定了步长的示例代码如下所示（见图 5-6）。

```
>>> a[::4]
[1, 5, 9, 13]
```

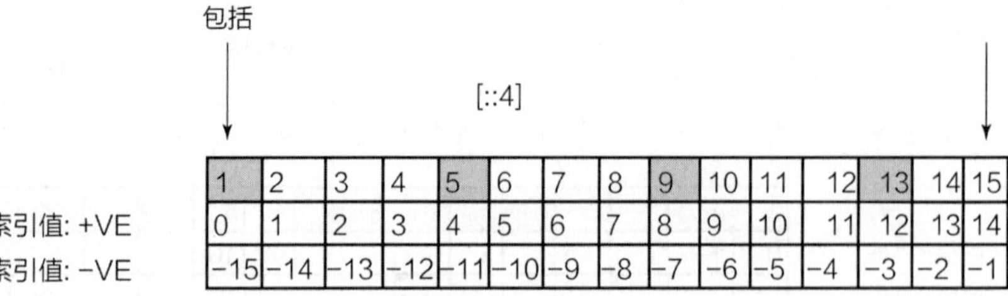

图 5-6　仅指定了步长的示例

（7）仅指定了开始索引和步长的示例代码如下所示（见图 5-7）。

```
>>> a[5::5]
[6, 11]
```

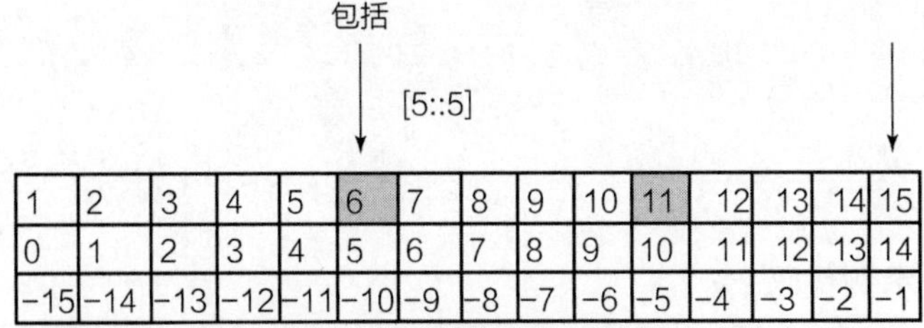

图5-7 仅指定了开始索引和步长的示例

4. 成员关系运算符

可以使用 in 或 not in 运算符检查元素是否是列表中的成员，如表5-1所示。

表5-1 列表的成员关系运算符

运算符	说明	示例
in	检查元素是否在列表中	>>>a = [1, 2, 3, 4, 5] >>>6 in a False >>>3 in a True
not in	检查元素是否不在列表中	>>>a = [1, 2, 3, 4, 5] >>>6 not in a True >>>3 not in a False

【例5.1】检查一个数值是否是列表中的成员，假设 a = [1, 2, 3, 4, 5, 6, 7, 8, 9, 10, 11, 12, 13, 14, 15]。

参考答案：

```
>>> a = [1, 2, 3, 4, 5, 6, 7, 8, 9, 10, 11, 12, 13, 14, 15]
>>> 10 in a
True
>>> 0 in a
False
>>> 10 not in a
False
>>> 0 not in a
True
>>>
```

5. del()方法

可以用 del()方法删除列表中给定索引处的元素。

（1）示例代码 1。

```
>>> a = [1,2,3,4,5,6,7,8,9,10,11,12,13,14,15]
>>> del(a[8])
>>> a
[1,2,3,4,5,6,7,8,10,11,12,13,14,15]
```

（2）示例代码 2。

```
>>> a = [1,2,3,4,5,6,7,8,9,10,11,12,13,14,15]
>>> del(a[:8])
>>> a
[9,10,11,12,13,14,15]
```

【例 5.2】 假设 a = [1, 2, 3, 4, 5, 6, 7, 8, 9, 10, 11, 12, 13, 14, 15]，请问以下操作的输出结果是什么？

a. del(a[2:3:2])　　b. del(a[2:10:2])

c. del(a[::3])　　d. del(a[2:])

e. del(a)

参考答案：

a. [1, 2, 4, 5, 6, 7, 8, 9, 10, 11, 12, 13, 14, 15]

b. [1, 2, 5, 7, 9, 11, 12, 13, 14, 15]

c. [2, 3, 5, 6, 8, 9, 11, 12, 14, 15]

d. [1, 2]

e. a 不复存在

【例 5.3】 如何访问列表中的一个或者多个元素？

参考答案：用户可以通过索引访问列表的单个元素，也可以使用切片操作访问列表中的一系列元素。

【例 5.4】 列举 Python 中的基本列表操作。

参考答案：Python 中的基本列表操作包括连接、索引、重复、长度、成员关系、切片、比较。

【例 5.5】 填空题。

```
>>> my_list =
['Banana','Mango','Kiwi','Peach','Watermelon','Orange','Apple']
>>> print(my_list)
____________________________________________________________
>>> del my_list[3]
>>> my_list
____________________________________________________________
```

```
>>> del my_list[3]
>>> my_list
________________________________________
>>> print(my_list*2)
________________________________________
>>> print(my_list+my_list)
________________________________________
>>>
```

参考答案：

```
>>> my_list =
['Banana','Mango','Kiwi','Peach','Watermelon','Orange','Apple']
>>> print(my_list)
['Banana','Mango','Kiwi','Peach','Watermelon','Orange','Apple']
>>> del my_list[3]
>>> my_list
['Banana','Mango','Kiwi','Watermelon','Orange','Apple']
>>> del my_list[3]
>>> my_list
['Banana','Mango','Kiwi','Orange','Apple']
>>> print(my_list*2)
['Banana','Mango','Kiwi','Orange','Apple','Banana','Mango',
'Kiwi','Orange','Apple']
>>> print(my_list+my_list)
['Banana','Mango','Kiwi','Orange','Apple','Banana','Mango',
'Kiwi','Orange','Apple']
>>>
```

5.2.2　内置的列表方法

在本小节中，读者将学习解 Python 列表中的以下内置方法。

1. append()方法

append()方法用于将元素添加到列表的末尾。示例代码如下所示。

```
>>> a = [1,2,3,4,5,6,7,8,9,10,11,12,13,14,15]
>>> a.append(16)
>>> a
[1,2,3,4,5,6,7,8,9,10,11,12,13,14,15,16]
```

2. extend()方法

extend()方法用于将一个列表附加到另一个列表的末尾。示例代码如下所示。

```
>>> a = [1,3,5]
>>> b = [2,4,6]
>>> a.extend(b)
>>> a
[1, 3, 5, 2, 4, 6]
```

3. insert( )方法

insert( )方法用于在列表的给定索引处插入元素。示例代码如下所示。

```
>>> a = [1, 2, 3, 4, 5, 6, 7, 8, 9, 10, 11, 12, 13, 14, 15]
>>> #在列表的索引 6 处插入值 100
>>> a.insert(6,100)
>>> a
[1, 2, 3, 4, 5, 6, 100, 7, 8, 9, 10, 11, 12, 13, 14, 15]
```

4. sort( )方法

sort( )方法用于按升序方式排列列表中的元素。示例代码如下所示。

```
>>> a = ["Rice", "Lentils", "Bread", "Curd", "Milk"]
>>> a.sort()
>>> a
['Bread','Curd','Lentils','Milk','Rice']
```

5. pop( )方法

pop( )方法用于返回并移除指定索引处的列表元素。如果未指定索引，则默认情况下会删除列表中的最后一个元素。

（1）示例代码 1。

```
>>> a = [1, 2, 3, 4, 5, 6, 7, 8, 9, 10]
>>> a.pop(3)
4
>>> a
[1, 2, 3, 5, 6, 7, 8, 9, 10]
```

（2）示例代码 2。

```
>>> a = [1, 2, 3, 4, 5, 6, 7, 8, 9, 10]
>>> a.pop()
10
>>> a
[1, 2, 3, 4, 5, 6, 7, 8, 9]
```

6. remove()方法

remove()方法用于删除指定值在列表中第一次出现的元素。示例代码如下所示。

```
>>> a = [1, 2, 3, 2, 4, 5, 6, 2, 7, 8, 9, 10]
>>> a.remove(2)
>>> a
[1, 3, 2, 4, 5, 6, 2, 7, 8, 9, 10]
```

7. reverse()方法

reverse()方法用于反转列表中的元素。示例代码如下所示。

```
>>> a = [1, 2, 3, 4, 5, 6, 7]
>>> a.reverse()
>>> a
[7, 6, 5, 4, 3, 2, 1]
```

5.2.3 内置的列表函数

在本小节中，我们将学习 Python 中列表的以下内置函数。

1. all()函数

如果列表中的所有元素都为 True 或者列表为空，则 all()函数返回 True；否则返回 False。

(1) 示例代码 1。

```
>>> a = [0,1,1,2]
>>> all(a)
False
```

(2) 示例代码 2。

```
>>> a = [1,2,3,4,8]
>>> all(a)
True
```

(3) 示例代码 3。

```
>>> a = ["True","True"]
>>> all(a)
True
```

(4) 示例代码 4。

```
>>> a = ["True","False"]
>>> all(a)
True
```

（5）示例代码 5。

```
>>> a = ["True", 0, "False"]
>>> all(a)
False
```

（6）示例代码 6。

```
>>>①a = [False, False, False]
>>> all (a)
False
>>> a = []
>>> all (a)
True
```

2. any( )函数

如果列表中有任何一个元素为 True，则 any( )函数返回 True；否则返回 False。

（1）示例代码 1。

```
>>> a = [0,0,0,0,0]
>>> any(a)
False
```

（2）示例代码 2。

```
>>> a = [0, 1, 2, 3, 4]
>>> any(a)
True
```

（3）示例代码 3。

```
>>> a = [False]
>>> any(a)
False
```

（4）示例代码 4。

```
>>> a = ["F", "T"]
>>> any(a)
True
```

（5）示例代码 5。

```
>>> a = [0, 0, 0, 1]
>>> any(a)
True
```

① 译者注：原著此处有误，应该有“ >>> ”提示符。

（6）示例代码6。

```
>>> a = []
>>> any(a)
False
```

3. len( )函数

len( )函数用于返回列表中元素的个数[①]。示例代码如下所示。

```
>>> a = [1, 2, 3, 4, 5, 6, 7, 8, 9, 10]
>>> len(a)
10
```

4. count( )函数

count( )函数用于返回特定元素在列表中出现的次数。示例代码如下所示。

```
>>> a = [1, 2, 3, 4, 2, 1, 5, 2, 4, 1, 2]
>>> a.count(2)
4
```

5. index( )函数

index( )函数用于返回指定元素在列表中的最小索引。如果该元素在列表中不存在，那么会产生错误。示例代码如下所示。

```
>>> a = [1, 2, 3, 4, 2, 1, 5, 2, 4, 1, 2]
>>> a.index(2)
1
```

6. max( )函数

max( )函数用于返回列表中具有最大值的元素。示例代码如下所示。

```
>>> a = [10, 40, 20, 50, 30, 90, 100, 60, 80, 70]
>>> max(a)
100
```

7. min( )函数

min( )函数用于返回列表中具有最小值的元素。示例代码如下所示。

```
>>> a = [10, 40, 20, 50, 30, 90, 100, 60, 80, 70]
>>> min(a)
10
```

---

① 译者注：原书此处有误，应该是 length of the list，列表的长度，也就是列表中元素的个数。

8. sum( )函数

sum( )函数用于返回列表中所有元素的总和。示例代码如下所示。

```
>>> a = [100,200,300,400]
>>> sum(a)
1 000
```

9. sorted( )函数

sorted( )函数用于按升序方式或者降序方式返回元素列表。示例代码如下所示。

```
>>> a = [9,8,6,2,1,8,3,7]
>>> sorted(a)
[1,2,3,6,7,8,8,9]
>>> a = [9,8,6,2,1,8,3,7]
>>> sorted(a,reverse = True)
[9,8,8,7,6,3,2,1]
```

10. list( )函数

list( )函数用于将字符串转换为字符列表。示例代码如下所示。

```
>>> string1 = "Welcome"
>>> print(list(string1))
['W','e','l','c','o','m','e']
```

11. join( )函数

join( )函数用于连接列表中的元素以创建字符串。

（1）示例代码 1。

```
>>> a = ['W','e','l','c','o','m','e']
>>> char = "
>>> char.join(a)
'Welcome'
```

（2）示例代码 2。

```
>>> a = ['Welcome','to','my','home.']
>>> char = ''
>>> char.join(a)
'Welcome to my home.
```

5.3 别名和克隆

5.3.1 列表的别名

假设有一个列表 a = [1,2,3,4,5]，然后，通过以下的赋值语句把列表 a 的值赋给列表b。

```
b = a
```

那么，实际上列表a和列表b都指向同一个内存位置。

对列表a所做的更改都将反映在列表b中。

```
>>> a = [1,2,3,4,5]
>>> b = a
#列表 a 和列表 b 指向同一个内存位置
>>> id(a)
49118696
>>> id(b)
49118696
>>>
#对列表 a 所做的更改也将反映在列表 b 中
>>> a.pop()
5
>>> a
[1, 2, 3, 4]
>>> b
[1, 2, 3, 4]
```

5.3.2 列表的克隆

我们已经看到，如果列表b是列表a的别名，那么对列表a进行更改，结果也将反映在列表b中。然而，有时我们可能希望保留原始列表的副本，以便安全地进行实验。克隆可以通过许多方式实现，稍后我们将展开讨论。创建原始列表的副本后，我们将检查两个列表的内存位置。我们已经学会了将要使用的所有方法，因此接下来的示例很容易理解。

```
>>> #使用切片方法进行克隆
>>> a = [1,2,3,4,5]
>>> b = a[:]
>>> b
[1, 2, 3, 4, 5]
>>> id(a)
43939080
>>> id(b)
13304488
>>> a.pop()
5
>>> a
```

```
[1, 2, 3, 4]
>>> b
[1, 2, 3, 4, 5]
>>> #使用 extend()方法进行克隆
>>> a = [1, 2, 3, 4, 5]
>>> b = []
>>> b.extend(a)
>>> b
[1, 2, 3, 4, 5]
>>> id(a)
44272872
>>> id(b)
43939080
>>> a.pop()
5
>>> a
[1, 2, 3, 4]
>>> b
[1, 2, 3, 4, 5]
>>> #使用 list()方法进行克隆
>>> a = [1, 2, 3, 4, 5]
>>> b = list(a)
>>> a
[1, 2, 3, 4, 5]
>>> b
[1, 2, 3, 4, 5]
>>> id(a)
16678280
>>> id(b)
44055176
>>> #创建一个浅拷贝
>>> import copy
>>> a = [1, 2, 3, 4, 5]
>>> b = copy.copy(a)
>>> b
[1, 2, 3, 4, 5]
>>> id(a)
52395656
>>> id(b)
52395464
>>> a.pop()
5
>>> a
[1, 2, 3, 4]
>>> b
[1, 2, 3, 4, 5]
```

```
>>> #使用深拷贝进行克隆
>>> import copy
>>> a = [1, 2, 3, 4, 5]
>>> b = copy.deepcopy(a)
>>> a
[1, 2, 3, 4, 5]
>>> b
[1, 2, 3, 4, 5]
>>> id(a)
58745160
>>> id(b)
58744872
>>> a.pop()
5
>>> a
[1, 2, 3, 4]
>>> b
[1, 2, 3, 4, 5]
```

5.4　列表解析

从现有列表轻松简洁地创建新列表的另一种方法是使用列表解析。列表解析是简化列表创建过程所必需的方法。

列表解析的语法格式如下：

```
list_name = [f(x) for x in iterable]
```

（1）列表解析包含一个方括号，用于标记列表。

（2）表达式后跟 for 关键字。

（3）for 关键字后面跟一个变量 x，该变量表示列表中的元素。

（4）变量后面跟着 in 关键字，in 关键字后面跟着 iterable（可迭代变量）。

请阅读以下代码片段，其中 a 是一个列表的列表。列表 b 是通过列表解析提取 a 中所有列表的第一个元素来创建的。

```
>>> a = [[1,2,3],[4,5,6],[6,6,8]]
>>> b = [i[0] for i in a]
>>> b
[1, 4, 6]
```

同样的任务也可以使用 for 循环完成（将在第 8 章中解释），示例代码如下所示。

```
>>> a = [[1,2,3],[4,5,6],[6,6,8]]
>>> b = []
>>> for i in a:
```

```
        b.append(i[0])
>>> print(b)
[1, 4, 6]
```

以下代码显示了如何在一个步骤中创建一个包含 10 的倍数的列表。

```
>>> b = [x*10 for x in range(1,11)]
>>> b
[10, 20, 30, 40, 50, 60, 70, 80, 90, 100]
```

以下是关于列表解析的要点说明。

（1）列表解析是一个内置函数。

（2）列表解析是一个可选的功能。

（3）列表解析提高了代码实现的速度。

（4）列表解析可以处理任何类型的序列数据。

5.5 数组

如果读者熟悉 Java、C/C ++ 、JavaScript 等程序设计语言，那么肯定使用过数组。在 Python 中，列表比数组更常见。列表和数组的主要区别在于，列表是可以包含不同类型数据项的集合，而数组必须是包含相同类型数据项的集合。在本章中，我们将学习 Python 数组，了解数组与列表的区别，以及使用数组可以实现的功能。

数组是具有相同数据类型的元素的集合。

为了使用数组，我们需要导入 array 模块，代码如下所示。

```
import array as arr
```

创建数组的语法格式如下：

```
arr.array(data_type, value_list)
```

例如：

```
>>> import array as arr
>>> a = arr.array('d',[1,2,3,4,5,6,7])
>>> a
array('d', [1.0, 2.0, 3.0, 4.0, 5.0, 6.0, 7.0])
```

其中，'d'表示数组中存储的元素类型（即双精度浮点数）。

请阅读以下代码片段。

```
>>> import array as arr
>>> a = arr.array('i',[1,2,34,5.89])
Traceback (most recent call last):
```

```
  File "<pyshell#3>", line 1, in <module>
    a = arr.array('i',[1,2,34,5.89])
TypeError: integer argument expected, got float
>>>
```

上述代码产生了一个错误，因为'i'表示数组应该包含整数元素，但值列表中的最后一个元素为 5.89，这是一个浮点数。

```
>>> a = arr.array('i',[1,2,34,589])
>>> a
array('i', [1, 2, 34, 589])
```

如果数组中所有的元素都是整数，那么不会产生错误。

数组元素类型一览表如表 5-2 所示。

表 5-2　数组元素类型一览表

类型代码	值类型	大小/字节
'b'	有符号整数	1
'B'	无符号整数	1
'i'	有符号整数	2
'c'	字符	1
'l'	无符号整数	2
'f'	浮点数	4
'd'	浮点数	8
'u'	Unicode 字符	2

5.5.1　数组的属性

在开始使用 Python 数组之前，我们需要了解以下关于数组的几个要点。

(1) 为了使用数组，需要先导入 array 模块。

(2) 一个数组只能包含一种数据类型的元素。

(3) 数组是可变的，可以动态更改其大小（数组长度可以增加或者减少）。

以下是创建数组的示例代码。

```
import array as arr
a = arr.array('u',['1','2','3','5','6','7'])
print("The elements of the array are as follows:")
```

```
for element in a:
    print(element, end ='')
```

输出结果如下所示。

```
The elements of the array are as follows:
1 2 3 5 6 7
```

请注意，'u'代表 Unicode 字符。它不能接收整数值，所有数字都包含在单引号中，表示它们是字符串。如果数字不在单引号中，代码将产生以下错误。

```
import array as arr
a = arr.array('u',[1,2,3,4,5,6,7])
print("The elements of the array are as follows:")
for element in a:
    print(element,end ='')
```

输出结果如下所示。

```
Traceback (most recent call last):
  File "F:/2020 - Python/code/one.py", line 2, in <module>
    a = arr.array('u',[1,2,3,4,5,6,7])
TypeError: array item must be unicode character
```

5.5.2 访问数组元素

用户可以通过索引访问 Python 数组。索引是一个数字，用于指定元素在数组中的位置。与列表类似，第 1 个元素具有索引 0，第 2 个元素具有索引 1，依此类推。因此，如果数组中有 n 个元素，则索引的值将在 0 ~n - 1 的范围内。

```
import array as arr
a = arr.array('i', [9,3,2,90,65,23,45])
print("Element at index 0 is : ", a[0])
print("Element at index -3 is : ", a[-3])
print("Last element at index -1 is :", a[-1])
```

输出结果如下所示。

```
Element at index 0 is : 9
Element at index -3 is : 65
Last element at index -1 is : 45
```

Python 中数组的切片类似列表的切片操作。

```
import array as arr
a = arr.array('i', [9,3,2,90,65,23,45])
print(a[1:6:1])
```

输出结果如下所示。

```
array('i',[3,2,90,65,23])
```

5.5.3　修改数组元素

以下代码片段显示如何修改数组中的元素。在这段代码中，通过其索引值访问该元素，然后为其分配一个新值，将数组的最后一个元素从 45 更改为 0。

```
import array as arr
a = arr.array('i', [9,3,2,90,65,23,45])
print("Array before change")
for element in a:
    print(element, end = '')
print("Last element in array is : ", a[ -1])
a[ -1] = 0
print("Array after change")
for element in a:
    print(element, end = '')
print("Last element in array is : ", a[ -1])
```

输出结果如下所示。

```
Array before change
9 3 2 90 65 23 45 Last element in array is : 45
Array after change
9 3 2 90 65 23 0 Last element in array is : 0
>>>
```

5.5.4　增加数组元素

可以使用 append( )方法将值追加到数组的末尾。以下代码片段演示了具体的操作方法。

```
import array as arr
a = arr.array('i', [9,3,2,90,65,23,45])
print("Array before adding new values")
for element in a:
    print(element, end = '')
print(" \nappending 77")
a.append(77)
print("appending 76")
a.append(76)
print("appending 57")
a.append(57)
```

```
print("appending 0")
a.append(0)
print("Array after adding new values")
for element in a:
    print(element, end = '')
```

输出结果如下所示。

```
Array before adding new values
9 3 2 90 65 23 45
appending 77
appending 76
appending 57
appending 0
Array after adding new values
9 3 2 90 65 23 45 77 76 57 0
```

5.5.5 删除数组元素

1. del()方法

以下代码片段展示了如何使用 del()方法删除 Python 数组中的元素。

```
import array as arr
a = arr.array('i', [9,3,2,90,65,23,45])
print("Array before Removing values")
for element in a:
    print(element, end = '')
print(" \n removing first element")
del a[0]
print("removing last element")
del a[ -1]
print("Array after removing first and last element")
for element in a:
    print(element, end = '')
```

输出结果如下所示。

```
Array before Removing values
9 3 2 90 65 23 45
removing first element
removing last element
Array after removing first and last element
3 2 90 65 23
```

2. remove( )方法

以下代码片段展示了如何使用 **remove( )** 方法删除 Python 数组中的元素。

```
import array as arr
a = arr.array('i', [9,3,2,90,65,23,45,77,76,57,0])
print("Array before Removing values")
for element in a:
    print(element, end = '')
print("\n removing 77")
a.remove(77)
print("removing 76")
a.remove(76)
print("removing 57")
a.remove(57)
print("removing 0")
a.remove(0)
print("Array after removing the elements")
for element in a:
    print(element, end = '')
```

输出结果如下所示。

```
Array before Removing values
9 3 2 90 65 23 45 77 76 57 0
removing 77
removing 76
removing 57
removing 0
Array after removing the elements
9 3 2 90 65 23 45
```

本章要点

- 列表是 Python 中定义的标准数据类型，列表可以包含不同类型的元素。
- 列表使用方括号（[ ]）将列表的各元素括起来。
- 与字符串不同，列表可以修改，因此列表是可变对象。
- 列表的每个元素都有一个索引，可以通过指定的索引值访问列表中的任何元素。
- 将一个或者多个元素作为另一个列表的列表称为嵌套列表。
- append( )：将元素添加到列表的末尾。
- extend( )：将一个列表附加到另一个列表的末尾。
- insert( )：在列表的给定索引处插入值。

- sort()：按递增顺序排列列表元素。
- pop()：返回并移除指定索引处的列表元素。如果没有指定索引，则默认情况下会删除列表的最后一个元素。
- remove()：删除指定值在列表中第一次出现的元素。
- reverse()：反转列表中的元素。
- all()：如果列表中的所有元素均为 True 或者列表为空，则返回 True；否则返回 False。
- any()：如果列表中有任何一个元素为 True，则返回 True；否则返回 False。
- len()：返回列表的元素个数（即列表的长度）。
- count()：返回特定元素在列表中出现的次数。
- index()：返回列表中元素的最小索引。如果列表中不存在该元素，则会产生错误。
- max()：返回列表中具有最大值的元素。
- min()：返回列表中具有最小值的元素。
- sum()：返回列表中所有元素的总和。
- sorted()：按升序或者降序返回列表元素。
- list()：将字符串转换为字符列表。
- join()：连接列表中的所有元素以创建字符串。
- 别名是指将两个不同的变量指定给同一个对象的情况。
- 如果两个变量都指向同一个内存位置，则这两个变量被称为别名。
- 克隆①也可以称为创建列表的副本。
- 在克隆的情况下，两个变量具有相同的值，但这两个变量指向不同的对象。
- 列表解析提供了创建列表的好方法。
- 为了创建列表解析，我们将使用由 for 子句组成的括号，然后它可能会有（或者没有）更多的 for 或者 if 子句。
- 列表解析始终返回一个列表。
- 数组类似列表，但数组是包含相同类型元素的集合。
- 为了使用数组，必须先导入 array 模块。
- 创建数组的语法格式为 arr. array(data_type，value_list)。
- 数组是可变对象，可以动态更改数组的大小（增加或者减少）。
- 可以通过索引访问 Python 数组。
- Python 数组中的切片操作类似列表的切片操作。
- 由于数组是可变的，因此可以更改数组元素的值，可以添加新值，也可以删除值。

① 译者注：原著此处有误，应该是“克隆”。

本章结论

在本章中，我们学习了列表以及如何执行各种列表操作。还可以使用内置的列表函数和列表方法实现列表操作。我们学习了别名、克隆、列表解析和 Python 数组。现在，我们已经准备好学习元组和字典。我们将在第 6 章中介绍元组和字典。

本章习题

一、选择题

1. 执行以下语句后，变量 x 的数据类型是什么？(　　)

```
x = [70, 108, 92, 120, 3]
```

a. 列表　　b. 字典　　c. 元组　　d. 字符串

2. 执行以下语句后，输出结果是什么？(　　)

```
list1 = [17, 56, 21, 30]
var1 = (list1[0] + list1[-1])% 2
print(var1)
```

a. 1　　b. 2　　c. 3　　d. 4

参考答案：

1. a

2. a

二、填空题

1. 假设 x = [17, 'a', 8.79, ['r','s','t']]，那么变量 x 的数据类型是__________。

参考答案：列表。

2. 补全下列代码。

```
>>> my_list =
['Banana','Mango','Kiwi','Peach','Watermelon','Orange','Apple']
>>> print('Original List :',my_list)
________________________________________________
>>> my_list.append('Papaya')
>>> print('Final List :',my_list)
________________________________________________
>>>
```

参考答案：

```
>>> my_list =
['Banana','Mango','Kiwi','Peach','Watermelon','Orange','Apple']
>>> print('Original List :',my_list)
Original List : ['Banana', 'Mango', 'Kiwi', 'Peach',
'Watermelon', 'Orange', 'Apple']
>>> my_list.append('Papaya')
>>> print('Final List :',my_list)
Final List : ['Banana', 'Mango', 'Kiwi', 'Peach', 'Watermelon',
'Orange', 'Apple', 'Papaya']
>>>
```

3. 当基本地址未被复制时，该拷贝称为________；在________情况下，复制对象的基本地址。

参考答案：深拷贝，浅拷贝。

4. 深拷贝也称为________拷贝。

参考答案：按成员（Memberwise）。

5. 列表是以逗号分隔的________值序列。

参考答案：有序。

三、是非题

1. 列表是有序且可更改的元素集合。

2. 可以通过将所有元素放在大括号({})内来创建列表。

3. 列表中的所有元素必须用空格分隔。

4. 列表可以包含任意数量的元素，且元素不必为同一类型。

5. 列表是一种引用结构，这意味着列表实际上存储对元素的引用。

6. 列表的索引从0开始，因此如果列表[①]的长度为n，则第一个元素的索引为0，最后一个元素的索引为n-1。

7. 与字符串一样，列表是不可变的，因此在创建后无法修改。

8. 列表是不可变对象。

9. 两个列表可以在一行中被初始化，示例代码如下所示。

```
a, b = [1, 2], [3, 4]
```

10. 无法为字符串和整数调用 append()函数和 insert()函数。

参考答案：

1. 正确
2. 错误

① 译者注：原著此处有误，应该是“列表”而不是“字符串”。

3. 错误
4. 正确
5. 正确
6. 正确
7. 错误
8. 错误
9. 正确
10. 正确

四、简答题

1. 假设 list1 = ["h","e","l","p"]，那么 list1[-2]和 list1[-5]的输出结果分别是什么？

参考答案：

list1[-2] = 'l'

list1[-5]将产生错误 IndexError：list index out of range（列表索引越界）。

2. 我们知道 remove()函数、sort()函数和 insert()函数都可以更新列表的内容。这些函数返回的值是什么？

参考答案：这三个函数都不返回任何值。如果尝试打印其返回值，将显示 None。

```
>>> a = [1,2,3,4,5]
>>> print(a.sort())
None
```

3. 如果必须从列表中删除一个值，那么如何决定是使用 del()方法还是 remove()方法？

参考答案：如果知道要删除元素的索引值，那么使用 del()方法。如果知道要删除元素的值，那么使用 remove()方法。

4. Python 中有哪些方法用于处理列表？

参考答案：Python 中有以下方法用于处理列表：append()、index()、insert()、sort()、remove()、reverse()、count()、pop()、extend()、sum()、copy()、clear①()。

5. 通过不同的名称访问对象的方法被称为克隆，这种说法是否正确？

参考答案：错误。通过不同的名称访问对象的方法被称为别名。

6. 列表 countries 的定义如下：

```
countries = ['India','France','United States of
America','England','Russia']
```

另一个列表 new_countries 的定义如下：

① 译者注：原书此处有误，Python 中大、小写意义不同，这些方法都必须采用小写字母。

```
new_countries = countries
```

上述拷贝的类型是什么？

参考答案：new_countries 是 countries 的浅拷贝。

五、编程题

1. 确定以下代码片段的输出结果。

```
my_list = [2.4, 3,'London','Paris','New York']
print('Element at position 2 = ', my_list[2])
my_list[3] = 'Morocco'
print('Element at position 3 = ', my_list[3])
print('{} is at position 1 and {} is at position -1'.format(my_list[1],
my_list[-1]))
print('Element at 1 = ',my_list[1],'Element at 2 = ', my_list[2])
```

参考答案：

```
Element at position 2 = London
Element at position 3 = Morocco
3 is at position 1 and New York is at position -1
Element at 1 = 3 Element at 2 = London
>>>
```

2. 以下代码片段的输出结果是什么？

```
list1 = [20, 8, 19, 45]
var1 = list1[-1]
print(var1)
```

参考答案：45。

3. 如何访问以下列表中的值 8？

```
list1 = [[0,2,1],[3,4,5],[6,7,7,[8,4]]]
```

参考答案：list1[2][3][0]。

4. 在列表上使用 append()方法，创建一个包含 5 的倍数的值列表。

参考答案：

```
>>> a = []
>>> for i in range(1,11):
a.append(i*5)
>>> print(a)
[5, 10, 15, 20, 25, 30, 35, 40, 45, 50]
```

此代码也可以编写为如下形式。

```
>>> a = [i * 5 for i in range(1,11)]
>>> print(a)
[5, 10, 15, 20, 25, 30, 35, 40, 45, 50]
```

5. 阅读并补全缺失的代码行。

```
>>> months = ['jan','feb','mar','apr','may','jun']
>>> #在此处编写缺少的代码行
>>>
'jan|feb|mar|apr|may|jun'
```

参考答案：'|'.join(months)。

6. 假设给定以下3个列表。

```
>>> countries = ['India','France','United States of
                    America','England','Russia']
>>> new_countries = countries
>>> new_countries2 = countries.copy()
```

向列表countries中添加一个新名称。

```
countries.append('Mauritius')
```

这将如何影响其他两个列表的值？

参考答案：列表new_countries的值将发生变化。

```
>>> new_countries
['India','France','United States of America','England','Russia','Mauri-
tius']
>>> new_countries2
['India','France','United States of America','England','Russia']
```

7. 当具有嵌套列表的列表进行深拷贝时会发生什么情况？

参考答案：假设有一个名为countries的列表，如下所示。

```
>>>countries = [['India','France'],['United States of
America','England'],['Russia','Mauritius']]
```

现在，创建一个列表countries的深拷贝new_countries。

```
>>> new_countries = countries.copy()
>>> new_countries
[['India','France'],['United States of America','England'],
['Russia','Mauritius']]
```

因此，如果向列表 countries 中添加新值，则不会反映在列表 new_countries 中。

```
>>> countries.append('Chile')
>>> countries
[['India','France'],['United States of America','England'],
['Russia','Mauritius'],'Chile']
>>> new_countries
[['India','France'],['United States of America','England'],
['Russia','Mauritius']]
```

但是，如果在嵌套列表中进行更改，情况就不同了。

```
>>> countries[1].append('Egypt')
>>> countries
[['India','France'],['United States of America','England',
'Egypt'],['Russia','Mauritius'],'Chile']
```

现在，如果检查列表 new_countries 的元素，就会惊讶地发现，new_countries 的相同嵌套列表的元素也发生了更改。

```
>>> new_countries
[['India','France'],['United States of America','England',
'Egypt'],['Russia','Mauritius']]
```

其原因在于，即使列表进行深拷贝，嵌套列表也会进行浅拷贝。因此，不会复制子列表，只复制它们的引用。

问题的解决方案是使用 copy（复制）模块的 deepcopy（深拷贝）方法。

```
>>> from copy import deepcopy
>>> countries = [['India','France'],['United States of
America','England'],['Russia','Mauritius']]
>>> new_countries = deepcopy(countries)
>>> new_countries
[['India','France'],['United States of America','England'],
['Russia','Mauritius']]
```

```
#在 countries 中附加嵌套列表
>>> countries[1].append('Egypt')
>>> countries
[['India','France'],['United States of America','England',
'Egypt'],['Russia','Mauritius']]
#在 countries 的嵌套列表中进行更改,不会反映在新的 countries 中
>>> new_countries
[['India','France'],['United States of America','England'],
['Russia','Mauritius']]
>>> countries.append('Chile')
>>> countries
[['India','France'],['United States of America','England',
'Egypt'],['Russia','Mauritius'],'Chile']
>>> new_countries
[['India','France'],['United States of America','England'],
['Russia','Mauritius']]
```

8. 假设列表 list1、list2、list3 和 list4 的值如下所示。

```
>>> list1 = [1,2,3,4]
>>> list2 = list1
>>> list3 = [5,6,7,8]
>>> list4 = list3.copy()
```

以下陈述语句中，哪一个描述是正确的?

(1) id(list1) == id(list2)

(2) id(list3) == id(list4)

参考答案：id(list1) == id(list2)的计算结果为 True，因为 list2 是 list1 的浅拷贝。list3 和 list4 的情况则不同，因为 list4 是 list3 的深拷贝。

9. 假设列表 list1 和 list2 的定义如下。

```
>>> list1 = [[1,2],[3,4],[5,6]]
>>> list2 = list1.copy()
```

以下代码片段的输出结果是什么?

```
>>> id(list1) == id(list2)
>>> id(list1[0]) == id(list2[0])
```

参考答案：

```
>>> id(list1) == id(list2)
False
>>> id(list1[0]) == id(list2[0])
True
>>>
```

10. 假设 lst1 = [23,32,34,43,12,21,89,76,67,98,0,9,8,6,7]，使用列表解析，创建一个包含列表 lst1 中所有偶数的列表。

参考答案：

```
>>> lst1 = [23,32,34,43,12,21,89,76,67,98,0,9,8,6,7]
>>> lst2 = [x for x in lst1 if x% 2 == 0]
>>> lst2
[32, 34, 12, 76, 98, 0, 8, 6]
>>>
```

11. **sqrt( )**函数返回数值的平方根。通过列表解析创建一个列表，该列表使用 **sqrt( )**函数①创建一个 1 ~ 10 的平方根的列表。

参考答案：

```
>>> list_sqrt = [sqrt②(x) for x in range(1,11)]
>>> list_sqrt
[1.0, 1.4142135623730951, 1.7320508075688772, 2.0,
2.23606797749979, 2.449489742783178, 2.6457513110645907,
2.8284271247461903, 3.0, 3.1622776601683795]
```

12. 假设列表 a = [1, 8, 17, 18, 21, 23, 34, 12, 78, 54, 9, 76, 23, 34]。创建一个列表 b，包含列表 a 中的所有奇数。

参考答案：

```
>>> a = [1, 8, 17, 18, 21, 23, 34, 12, 78, 54, 9, 76, 23, 34]
>>> b = [x for x in a if x% 2 != 0]
>>> b
[1, 17, 21, 23, 9, 23]
```

13. 基于列表 [300, 400, 500]，使用列表解析创建一个新列表，将列表中的值加倍。

参考答案：

```
>>> a = [300,400,500]
>>> b = [i*2 for i in a]
>>> b
[600, 800, 1000]
```

14. 确定以下代码片段的输出结果。

① 译者注：原著此处有误，求平方根的函数为 sqrt( )。

② 译者注：原著此处有误，求平方根的函数为 sqrt( )。

```
>>> a = [1,2,3]
>>> b = [4,5,6]
>>> [[x,y] for x in a for y in b]
```

参考答案：

[[1,4],[1,5],[1,6],[2,4],[2,5],[2,6],[3,4],[3,5],[3,6]]

15. 编写一个 Python 程序来创建一个包含 10 个整数的数组，并显示数组中每个元素的值。使用索引值访问每个元素。

参考答案：

```
import array as arr
a = arr.array('i',[9,3,2,90,65,23,45,77,76,57])
for i in range(10):
    print(a[i],end ='')
```

输出结果如下所示。

```
9 3 2 90 65 23 45 77 76 57
>>>
```

六、论述题

1. 什么是列表？

参考答案：列表是可以更改的内置 Python 数据结构。列表是元素的有序序列，其中的每个元素也可以称为项。“有序序列”意味着列表中的每个元素都可以通过其索引值分别进行访问。将列表中的每个元素使用方括号（[]）括起来。示例代码如下所示。

```
>>> #创建空列表
>>> list1 = []
>>> #创建包含若干元素的列表
>>> list2 = [12,"apple",90.6,]
>>> list1
[]
>>> list2
[12,'apple',90.6]
```

2. 如何访问以下列表中的第三个元素？

```
list1 = ["h","e","l","p"]
```

当尝试访问 list1[4]时会发生什么情况？

参考答案：list1 的第三个元素的索引为 2。因此，可以通过以下方式访问第三个元素，如图 5-8 所示。

h	e	l	p
0	1	2	3
-4	-3	-2	-1

图 5-8 访问第三个元素

```
>>> list1 = ["h","e","l","p"]
>>> list1[2]
'l'
>>>
```

列表中有 4 个元素。因此，最后一个元素的索引为 3。没有对应索引 4 的元素。尝试访问 list1[4]时，将得到一个错误信息：“IndexError：list index out of range（索引错误：列表索引越界）”。

3. 简要说明如何创建列表。

参考答案：可以通过为变量赋值来创建列表，列表中的所有值都使用方括号([])括起来，并用逗号分隔。例如，a=[1，2，3，4]。

4. 什么是别名？

参考答案：将两个变量指定给同一对象的情况，称作为这两个变量创建别名。在这种情况下，两个变量都指向相同的内存位置，如图 5-9 所示。

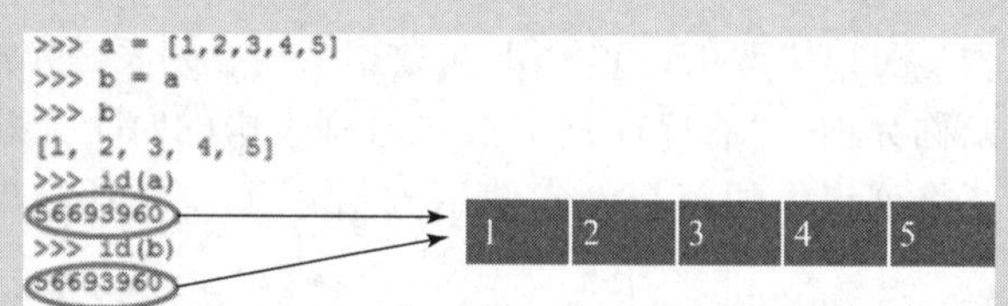

图 5-9 两个变量都指向相同的内存位置

5. 列表的别名和克隆有什么区别？

参考答案：列表的别名和克隆的区别如表 5-3 所示。

表 5-3 列表的别名和克隆的区别

别名	克隆
两个变量指向同一个列表。这意味着两者都指向相同的内存位置	两个变量具有相同的值，但它们不指向同一个对象
一个变量的变化将反映到另一个变量中	两个变量都指向不同的内存位置，因此其中一个变量的变化不会反映到另一个变量中

6. 别名的缺点是什么？

参考答案：

（1）由于一个变量的变化反映了另一个变量的变化，所以在编程中不能太依赖别名。

（2）别名会使程序复杂化，也会使程序变得难以理解。

（3）别名会使程序的验证、分析和优化过程复杂化。

7. 定义数组。

参考答案： 数组是存储特定数据类型元素的对象。以下是数组的几个重要功能。

（1）数组只能存储一种数据类型的元素。

（2）数组的大小可以动态增加或者减少。

（3）只有导入 array 模块，才可以创建数组。

（4）数组的大小随着元素的添加而增大，随着元素的移除而减小。

8. 对数组中的索引进行简短说明。

参考答案： 请参阅 5. 5. 1 小节。

9. 如何使用 array( ) 创建数组？

参考答案： 请参阅 5. 5 节。

第6章

元组和字典

元组类似列表，因此可以用于与列表类似的场景。然而，元组通常是不同数据类型集合的首选，而列表则是相同数据类型集合的首选。元组是不可变对象，列表是可变对象。另外，字典被描述为以键-值对格式存储信息的无序对象集合。本章提供了有关元组和字典的所有信息。

本章组织结构

- 元组概述
  - 创建元组
  - 访问元组的元素（使用索引值）以及count()方法
  - 元组操作和内置方法，包括+运算符、count()方法、index()方法、in和not in运算符、len()方法、“*”运算符、max()方法和min()方法、sorted()方法等
  - 元组与列表的比较
- 字典概述
  - 字典的特点
  - 创建字典对象
  - 访问字典的值
  - 字典的内置方法：pop()方法、popitem()方法、del语句、clear()方法、copy()方法、fromkeys()方法、items()方法等

本章学习目标

阅读本章后，读者将掌握以下知识点。

- 使用元组。
- 使用字典。

6.1 元组概述

元组和列表可以用于类似的场景，但元组通常是不同数据类型集合的首选，而列表则是相同数据类型集合的首选。遍历元组比遍历列表更快。元组是存储不需要更改的值的理想选择。由于元组是不可变对象，所以其中的值是写保护的。

与列表一样，元组也可以包含不同类型的元素。然而，元组和列表之间存在以下两个主要的区别。

（1）使用圆括号将元组中的各个元素括起来。

（2）元组对象是不可变的。因此，一旦创建了元组对象，就不能加以修改。

元组中的各个元素使用逗号分隔，就像列表一样。元组是不可变的，非常适合存储关键的且在任何情况下都不应更改的数据，因此，不能通过添加、删除或者替换元素来更改元组中的元素。如果需要修改元组，则必须创建一个新的元组。

6.1.1 创建元组

用户可以使用元组构造函数创建空元组。示例代码如下所示。

```
>>> type(empty_tuple)
<class'tuple'>
>>>
```

用户可以使用圆括号创建具有值的元组，括号中的每个元素使用逗号分隔。

```
>>> tup1 = (1,2,2,4,3)
>>> type(tup1)
<class'tuple'>
>>>
```

元组中可以包含另一个列表或者元组。示例代码如下所示。

```
>>> tup2 = (1,2,[10,20,30],('a','b','c'),'Hello World')
```

注意：

请记住，即使元组中只有一个数据项，在该数据项之后也必须有一个逗号。对于具有多个元素的元组，尾随逗号不是必需的。示例代码如下所示。

```
>>> tup1 =(9)
>>> type(tup1)
<class'int'>
>>> tup1 = (9,)
>>> type(tup1)
<class'tuple'>
>>>
```

通过元组的构造函数可以将任何可迭代对象转换为元组。示例代码如下所示。

```
>>> type(tup1)
<class 'tuple'>
>>> str1 = 'Hello World! '
>>> tuple(str1)
('H','e','l','l','o','','W','o','r','l','d','! ')
>>>
```

由于元组是不可变的，所以 Python 中没有定义任何方法或者函数来添加或者删除元组中的元素。

用户可以通过索引访问元组中的任何元素，其方法与列表和字符串相同。

6.1.2　访问元组的元素

访问元组元素的方法类似从列表中访问值。用于访问元组元素的方法如下。

1. 使用索引值

与列表一样，元组支持索引和切片。可以通过元组的索引值引用元组的任何元素。

【例 6.1】

通过索引值可以访问元组中的元素。在元组 tup1 = (1,2,3,4,5,6) 中，每个元素的排列如图 6 – 1 所示。

	1	2	3	4	5	6
索引值: +VE	0	1	2	3	4	5
索引值: –VE	–6	–5	–4	–3	–2	–1

图 6 – 1　元组 tup1 中每个元素的排列

代码如下所示：

```
>>> tup1 = (1,2,3,4,5,6)
>>> tup1[0]
1
>>> tup1[5]
6
>>> tup1[ -6]
1
>>> tup1[ -3]
4
>>>
>>>tup2 = (1,2,[1,2,3],('a','b','c'))
>>> tup2[2]
[1, 2, 3]
>>>
```

2. 使用切片操作

【例 6.2】

切片操作与列表和字符串中的操作也相同。代码如下所示。

```
>>> tup1 =(1,2,3,4,5,6)
>>> tup1[0:4]
(1, 2, 3, 4)
>>> tup1[ -4: -1:3]
(3,)
>>> tup1[:: -1]
(6, 5, 4, 3, 2, 1)
>>> tup1[5:1: -2]
(6, 4)
>>>
```

6.1.3 元组操作和内置方法

1. +运算符

元组不能被修改。可以使用+运算符组合两个元组，并将结果赋值给一个新元组。示例代码如下所示。

```
>>> tup1 = (0,2,4,6,8)
>>> tup2 = (1,3,5,7,9)
>>> tup3 = tup1 + tup2
>>> tup3
(0, 2, 4, 6, 8, 1, 3, 5, 7, 9)
```

由于元组是不可变对象，所示不能从元组中删除特定的元素，但删除操作可以用于删除整个元组。示例代码如下所示。

```
>>> tup1 = (1,2,3,4,5)
>>> del tup1
>>> tup1
Traceback (most recent call last):
  File "<pyshell#9 >", line 1, in <module >
    tup1
NameError: name 'tup1' is not defined
```

2. count()

可以使用 count()方法统计指定元素在元组中重复出现的次数。示例代码如下所示。

```
>>> tup1 = (1,1,2,3,1,2,4,3,2,5,6,5,6,7,7,8,9,5,4)
>>> tup1.count(2)
3
```

```
#如果指定元素在元组中不存在,则 count()方法将返回0
>>> tup1.count(10)
0
>>>
```

3. index()方法

可以使用index()方法在元组中查找指定元素所在的索引。如果该元素在元组中重复出现多次，则返回该元素在元组中的最小索引值。示例代码如下所示。

```
>>> tup1 = (1,2,3,4,5,6)
>>> tup1.index(3)
2
#如果试图在元组中查找不存在元素的索引,则会产生错误 ValueError
>>> tup1.index(0)
Traceback (most recent call last):
  File "<pyshell#7>", line 1, in <module>
    tup1.index(0)
ValueError: tuple.index(x): x not in tuple
>>>
```

4. in 和 not in 运算符

与列表的情况类似，可以使用in或者not in运算符检查元素在元组中的成员资格。此外，如果需要查找任何元素的索引，但不确定该元素是否存在于列表或者元组[①]中，那么最好先使用in或者not in运算符检查其存在性。示例代码如下所示。

```
>>> tup1 = (1,2,3,4,5,6)
>>> x = tup1.index(7) if 7 in tup1 else'7 not in tuple'
>>> print(x)
7 not in tuple
>>> y = tup1.index(6) if 6 in tup1 else'6 not in tuple'
>>> print(y)
5
>>>
```

5. len()方法

可以使用len()方法获取元组的长度。示例代码如下所示。

```
>>> tup1 = (1,2,3,4,5,6)
>>> len(tup1)
6
>>>
```

① 译者注：原著此处描述不精准，最好改为“列表或者元组”，因为此处在描述“元组”的相关知识。

6. ＊运算符

＊运算符用于重复操作。示例代码如下所示。

```
>>> tup1 = (1,2,3,4,5,6)
>>> tup1 *2
(1, 2, 3, 4, 5, 6, 1, 2, 3, 4, 5, 6)
>>>
```

7. max()和 min()方法

max()方法返回元组中具有最大值的元素，min()方法返回元组中具有最小值的元素。示例代码如下所示。

```
>>> tup1 =('a','b','c','dd','e','f')
>>> tup2 =(1,2,3,4,5,6,7,8)
>>> max(tup1)
'f'
>>> max(tup2)
8
>>> min(tup1)
'a'
>>> min(tup2)
1
>>>
```

8. sorted()方法

sorted()方法不会修改元组，而是返回一个将各个元素按升序排序的新元组。如果希望各个元素按降序排序，则必须将参数 reverse 的值设置为 True。示例代码如下所示。

```
>>> tuple1 = [12,32,12,98,43,90,78,98,32,20,100,432,3]
>>> sorted(tuple1)
[3, 12, 12, 20, 32, 32, 43, 78, 90, 98, 98, 100, 432]
>>> sorted(tuple1,reverse = True)
[432, 100, 98, 98, 90, 78, 43, 32, 32, 20, 12, 12, 3]
>>>
```

请记住，元组是不可变对象，如果试图修改元组，那么将产生错误 TypeError。

6.1.4 元组与列表的比较

（1）元组比列表更快速、更高效。

（2）元组比列表更安全。元组是不可变对象，也就是说，元组不会被意外更改，并且可以保持数据的完整性。使用元组而不是列表，可以更好地保护数据。

（3）如果有一个有序的数据集合，并且知道这些数据不会改变，那么可以将其设置为元组，这样运行会更快速，如字母表中的字母、星期名称、月份名称等。这些值总是按相同的顺序排列，从不改变。使用元组而不是列表将使代码更加安全，同时减少错误以及其他问题对代码的影响。

（4）元组可以用作字典中的键，列表则不能作为字典的键。

（5）元组具有存储效率方面的优势。元组的内存消耗更少，元组比列表消耗更少的内存。

6.2　字典概述

欢迎来到字典世界——字典是无序的对象集。字典以键－值对格式存储信息。下面首先了解字典的特点。

6.2.1　字典的特点

到目前为止，我们已经使用了字符串、列表和元组。所有这些数据类型都是有序的对象集合，其中每个对象都有一个指定的索引。字典则不同，其特点如下。

（1）字典是无序的对象集。

（2）字典也称为映射、散列表、查找表或者关联数组。

（3）字典中的数据为键－值对。字典中的元素有一个键和一个相对应的值，键和值使用英文冒号（:）分隔。字典中各元素之间则使用逗号分隔。

（4）字典的元素通过“键”而不是“索引”来访问。因此，字典更类似一个关联数组，其中每个键关联一个值。字典中的各个元素作为键－值对，以无序方式存在。

（5）字典字面量使用大括号（{}）定义。

6.2.2　创建字典对象

用户可以通过以下任一方式创建字典对象。

（1）示例代码 1。

```
>>> dict1 = {}
>>> type(dict1)
<class 'dict'>
```

（2）示例代码 2。

```
>>> dict2 =
{'key1':'value1','key2':'value2','key3':'value3','key4':'value4'}
>>> dict2
{'key1': 'value1', 'key2': 'value2', 'key3': 'value3', 'key4': 'value4'}
>>> type(dict2)
<class 'dict'>
```

（3）示例代码3。

```
>>> dict3 =
dict({'key1':'value1','key2':'value2','key3':'value3','key4':'value4'})
>>> dict3
{'key1': 'value1', 'key2': 'value2', 'key3': 'value3', 'key4':'value4'}
>>> type(dict3)
<class 'dict'>
```

（4）示例代码4。

```
>>> dict4 = dict([('key1','value1'),('key2','value2'),
('key3','value3'),('key4','value4')])
>>> dict4
{'key1': 'value1', 'key2': 'value2', 'key3': 'value3', 'key4':'value4'}
>>> type(dict4)
<class 'dict'>
```

6.2.3 访问字典的值

可以通过键访问字典的值。示例代码如下所示。

```
>>> student_dict = {'name':'Mimony','Age':12,'Grade':7,'id':'7102'}
>>> student_dict['name']
'Mimony'
```

键区分大、小写。如果给出指令 student_dict['age']，则会产生一个键错误，因为该键在 Age 中为大写字母 A。正确的键是 Age，而不是 age。示例代码如下所示。

```
>>> student_dict['age']
Traceback (most recent call last):
    File "<pyshell#20>", line 1, in <module>
      student_dict['age']
KeyError: 'age'
>>> student_dict['Age']
12
>>>
```

可以更改字典元素的值，因为字典是可变对象。示例代码如下所示。

```
>>> dict1 = {'English literature':'67%','Maths':'78%','Social
Science':'87%','Environmental Studies':'97%'}
>>> dict1['English literature'] = '78%'
```

```
>>> dict1
{'English literature':'78%','Maths':'78%','Social Science':'87%',
'Environmental Studies':'97%'}
>>>
```

6.2.4　字典的内置方法

本小节专门介绍用于处理字典的内置方法。我们将学习有关字典的各种方法以实现以下功能。

（1）从字典中删除或者移除元素。

（2）清除字典的内容。

（3）创建字典的浅拷贝。

（4）创建一个新字典，该字典与作为参数传递的字典对象具有相同的键。

（5）获取给定字典“键-值”对的视图对象。

1. 从字典中删除或者移除元素

可以通过以下任一方式从字典中删除或者移除元素。

（1）pop()方法。

可以使用pop()方法从字典中删除特定的值。pop()方法需要一个有效的键作为参数，否则将产生一个键错误。

如果未传递任何参数，则会产生一个类型错误：“TypeError: descriptor 'pop' of 'dict' object needs an argument（类型错误：字典的pop()方法需要一个参数）”。示例代码如下所示。

```
>>> dict1 = {'English literature':'67%','Maths':'78%','Social
Science':'87%','Environmental Studies':'97%'}
>>> dict1.pop('Maths')
'78%'
>>> dict1
{'English literature':'67%','Social Science':'87%','Environmental
Studies':'97%'}
```

（2）popitem()方法。

可以使用popitem()方法从字典中删除任意项。示例代码如下所示。

```
>>> dict1.popitem()
('Environmental Studies','97%')
>>> dict1
{'English literature':'67%','Social Science':'87%'}
```

（3）del语句。

可以使用del语句从字典中删除指定键及其对应的值。示例代码如下所示。

```
>>> del dict1['Social Science']
>>> dict1
{'English literature':'67%'}
```

del 语句还可以删除整个字典。删除整个字典后，如果尝试访问该字典对象，则会产生名称错误。示例代码如下所示。

```
>>> del dict1
>>> dict1
Traceback (most recent call last):
    File "<pyshell#11>", line 1, in <module>
      dict1
NameError: name 'dict1' is not defined
>>>
```

2. clear()方法

clear()方法用于清除字典的内容。示例代码如下所示。

```
>>> dict1.clear()
>>> dict1
{}
```

3. copy()方法

copy()方法用于创建字典的浅拷贝，并且不会以任何方式修改原始字典对象。示例代码如下所示。

```
>>> dict2 = dict1.copy()
>>> dict2
{'English literature':'67%','Maths':'78%','Social Science':'87%',
'Environmental Studies':'97%'}
>>>
```

4. fromkeys()方法

fromkeys()方法用于返回一个新字典，该字典与作为参数传递的字典对象具有相同的键。如果提供一个值，则所有的键都将设置为该值，否则所有的键都将设置为 None。

（1）不提供任何值。示例代码如下所示。

```
>>> dict2 = dict.fromkeys(dict1)
>>> dict2
{'English literature': None, 'Maths': None, 'Social Science':
None, 'Environmental Studies': None}
>>>
```

（2）提供一个特定的值。示例代码如下所示。

```
>>> dict3 = dict.fromkeys(dict1,'90%')
>>> dict3
{'English literature':'90%','Maths':'90%','Social Science':
'90%','Environmental Studies':'90%'}
>>>
```

5. items( )方法

items( )方法不接收任何参数。该方法返回一个包含指定字典的键 - 值对的视图对象。示例代码如下所示。

```
>>> dict1 = {'English literature':'67%','Maths':'78%','Social
Science':'87%','Environmental Studies':'97%'}
>>> dict1.items()
dict_items([('English literature','67%'),('Maths','78%'),('Social
Science','87%'),('Environmental Studies','97%')])
>>>
```

本章要点

- 元组是类似列表的序列，但元组是不可变对象。
- 元组不能被修改。
- 元组中的每个元素可以包含或者不包含在圆括号 () 中。
- 元组中的每个元素之间使用逗号分隔。如果元组只有一个元素，则必须在该元素之后放置逗号。如果没有尾随逗号，圆括号中的单个值将不会被视为元组。
- 元组和列表可以用于相同的场景。
- 元组用于保护数据。

本章结论

在本章中，我们学习了元组和字典，以及如何使用这些对象。在第 7 章中将学习集合。

本章习题

一、简答题

1. 假设 tup1 = (1, 2, 78, 45, 93, 56, 34, 23, 12, 98, 70, 65)，那么执行指令 tup1[6] =6 的结果是什么？

参考答案：由于元组是不可变的，因此 tup1[6] =6 将产生如下错误信息。

```
Traceback (most recent call last):
  File "<pyshell#18>", line 1, in <module>
    tup1[6] =6
TypeError: 'tuple' object does not support item assignment
>>>
```

2. 假设 tup1 = (1, 2, 78, 45, 93, 56, 34, 23, 12, 98, 70, 65)，如果尝试使用 tup1[5.0]访问第 6 个元素，结果是什么？

参考答案：索引值必须为整数值，而不能是浮点值。结果将产生一个类型错误："TypeError: 'tuple' object does not support item assignment（类型错误：元组对象不支持数据项赋值)"。

3. 假设 tup1 = (1, 2, 4), [8, 5, 4, 6], (4, 6, 5, 7), 9, 23, [98, 56]，那么 tup1[1][0]的值是什么？

参考答案：8。

4. 假设 tup1 = (1, 2, 4), [8, 5, 4, 6], (4, 6, 5, 7), 9, 23, [98, 56], tup2 = (1, 2, 78, 45, 93, 56, 34, 23, 12, 98, 70, 65)。指出以下各切片的结果值。

(1) tup1 [2: 9]
(2) tup2 [: -1]
(3) tup2 [-1:]
(4) tup1 [3: 9: 2]
(5) tup2 [3: 9: 2]

参考答案：

(1) tup1 [2: 9]
((4, 6, 5, 7), 9, 23, [98, 56])
(2) tup2 [: -1]
(1, 2, 78, 45, 93, 56, 34, 23, 12, 98, 70)
(3) tup2 [-1:]
(65,)
(4) tup1 [3: 9: 2]
(9, [98, 56])

(5) tup2 [3: 9: 2]

(45, 56, 23)

5. 如何删除一个元组?

参考答案: 可以使用 del 语句删除一个元组。

```
>>>tup1 = (1,2,4),[8,5,4,6],(4,6,5,7),9,23,[98,56]
>>> del tup1
>>> tup1
Traceback (most recent call last):
   File"<pyshell#23 >", line 1, in <module >
     tup1
NameError: name 'tup1' is not defined
>>>
```

6. 假设 tup1 = ((1, 2, 4), [18, 5, 4, 6, 2], (4, 6, 5, 7), 9, 23, [98, 56]), tup2 =1, 6, 5, 3, 6, 4, 8, 30, 3, 5, 6, 45, 98。指出以下各函数的运行结果值。

(1) tup1. count(6)

(2) tup2. count(6)

(3) tup1. index(6)

(4) tup2. index(6)

参考答案:

(1) tup1. count(6)

0

(2) tup2. count(6)

3

(3) tup1. index(6)

0

(4) tup2. index(6)

1

7. 如何对元组的所有元素进行排序?

参考答案:

```
>>> tup1 =(1,5,3,7,2,6,8,9,5,0,3,4,6,8)
>>> sorted(tup1)
[0, 1, 2, 3, 3, 4, 5, 5, 6, 6, 7, 8, 8, 9]
```

二、编程题

1. 假设 tup1 =(1, 2, 78, 45, 93, 56, 34, 23, 12, 98, 70, 65), 如何抽取该元组的第 7 个元素?

参考答案：访问元组元素的方法与访问列表元素的方法相同。

```
>>> tup1 =(1, 2, 78, 45, 93, 56, 34, 23, 12, 98, 70, 65)
>>> tup1[6]
34
>>>
```

2. 假设 tup1 = (1, 2, 78, 45, 93, 56, 34, 23, 12, 98, 70, 65)，那么 tup1［-7］和 tup1［-15］的值分别是什么？

参考答案：

```
>>> tup1[-7]
56
>>> tup1[-15]
Traceback (most recent call last):
    File "<pyshell#2>", line 1, in <module>
        tup1[-15]
IndexError: tuple index out of range
>>>
```

3. 假设 tup1 = (1, 2, 4), [8, 5, 4, 6], (4, 6, 5, 7), 9, 23, [98, 56] 和 tup2 = (1, 2, 78, 45, 93, 56, 34, 23, 12, 98, 70, 65)，那么 tup1 + tup2 的输出结果是什么？

参考答案：

```
>>> tup1 = (1,2,4), [8,5,4,6],(4,6,5,7),9,23,[98,56]
>>> tup2 =(1, 2, 78, 45, 93, 56, 34, 23, 12, 98, 70, 65)
>>> tup1 + =tup2
>>> tup1
((1, 2, 4), [8, 5, 4, 6], (4, 6, 5, 7), 9, 23, [98, 56], 1,
2, 78, 45, 93, 56, 34, 23, 12, 98, 70, 65)
>>>
```

4. 如何计算元组中所有元素的总和？

参考答案：可以使用 sum( ) 函数计算所有元素的总和。

```
>>> tup1 =(1,5,3,7,2,6,8,9,5,0,3,4,6,8)
>>> sum(tup1)
67
```

5. 以下代码片段的输出结果是什么？

```
>>>①dict1 = {'English literature': '67%', 'Maths': '78%', 'Social
Science': '87%', 'Environmental Studies': '97%'}
>>>②dict1.keys ()
```

参考答案：可以使用 keys()方法显示给定字典对象中存在的所有键的列表。

```
>>> dict1 = {'English literature':'67%','Maths':'78%','Social
Science':'87%','Environmental Studies':'97%'}
>>> dict1.keys()
dict_keys(['English literature','Maths','Social Science',
'Environmental Studies'])
>>>
```

6. 假设 dict1 = {'English literature': '67%', 'Maths': '78%', 'Social Science': '87%', 'Environmental Studies': '97%'}，那么表达式'Maths' in dict1 的输出结果是什么？

参考答案：True。这是因为 in 运算符用于检查字段中是否存在特定的键。如果存在特定的键，则返回 True；否则返回 False。

7. 假设 dict1 = {'English literature': '67%', 'Maths': '78%', 'Social Science': '87%', 'Environmental Studies': '97%'}，dict2 = {(1, 2, 3): ['1', '2', '3']}，dict3 = {'Maths': '78%'}，dict4 = {'Maths': '98%', 'Biology': '56%'}，那么以下语句的输出结果是什么？

(1) dict1. update(dict2)

(2) dict1. update(dict3)

(3) dict3. update(dict3)

(4) dict1. update(dict4)

参考答案：update()方法接收一个字典对象参数。如果键已经存在于字典中，则更新值；如果键不存在，则将键－值对添加到字典中。

(1) 代码如下所示。

```
>>> dict1 = {'English literature':'67%','Maths':'78%','Social
Science':'87%','Environmental Studies':'97%'}
>>> dict2 = {(1,2,3):['1','2','3']}
>>> dict1.update(dict2)
>>> dict1
{'English literature': '67%', 'Maths': '78%', 'Social Science':
'87%', 'Environmental Studies': '97%', (1, 2, 3): ['1', '2','3']}
```

① 译者注：原著此处有误，第 5 题遗漏了 Shell 提示符“ >>> ”。

② 译者注：原著此处有误，第 5 题遗漏了 Shell 提示符“ >>> ”。

（2）代码如下所示。

```
>>>①dict1 = {'English literature': '67%', 'Maths': '78%', 'Social
Science': '87%', 'Environmental Studies': '97%'}
>>> dict3 = {'Maths':'78%'}
>>> dict1.update (dict3)
>>> dict1
{'English literature':'67%','Maths':'78%','Social
Science':'87%','Environmental Studies':'97%'}
```

（3）代码如下所示。

```
>>> dict3 = {'Maths':'78%'}
>>> dict3.update(dict3)
>>> dict3
{'Maths':'78%'}
```

（4）代码如下所示。

```
>>>② dict1 = {'English literature': '67%', 'Maths': '78%', 'Social
Science': '87%', 'Environmental Studies': '97%'}
>>>③ dict4 = {'Maths':'98%', 'Biology': '56%'}
dict1.update (dict4)
>>>④ dict1
{'English literature':'67%','Maths':'98%','Social Science':
'87%','Environmental Studies':'97%','Biology':'56%'}
```

8. 假设有如下两条语句。

```
>>>⑤ dict1 = {'English literature': '67%', 'Maths': '78%', 'Social
Science': '87%', 'Environmental Studies': '97%'}
>>>⑥ dict1.values ()
```

请问代码运行后输出结果是什么？

参考答案：

```
>>> dict1.values()
dict_values(['67%','78%','87%','97%'])
>>>
```

① 译者注：原著此处有误，第 7 题的第（2）小题遗漏了 Shell 提示符“>>>”。
② 译者注：原著此处有误，第 7 题的第（4）小题遗漏了 Shell 提示符“>>>”。
③ 译者注：原著此处有误，第 7 题的第（4）小题遗漏了 Shell 提示符“>>>”。
④ 译者注：原著此处有误，第 7 题的第（4）小题遗漏了 Shell 提示符“>>>”。
⑤ 译者注：原著此处有误，第 8 题遗漏了 Shell 提示符“>>>”。
⑥ 译者注：原著此处有误，第 8 题遗漏了 Shell 提示符“>>>”。

9. 假设有语句 dict1 = {(1,2,3):['1','2','3']}，请问该语句是正确的指令吗？

参考答案： dict1 = {(1,2,3):['1','2','3']}是正确的指令。此指令将创建字典对象。在字典中，键必须始终具有不可变的值。由于键是不可变的元组，所以这个指令是正确的。

10. 假设有 dict_items([('English literature','67%'),('Maths','78%'),('Social Science','87%'),('Environmental Studies','97%')])，请问哪个函数可以确定 dict1 中键-值对的总数？

参考答案： 可以使用 len()方法查找键-值对的总数。代码如下所示。

```
>>> dict1 = {'English literature':'67%','Maths':'78%','Social
Science':'87%','Environmental Studies':'97%'}
>>> len(dict1)
4
>>>
```

三、论述题

1. 如何创建一个元组？

参考答案： 可以通过以下任一方式创建元组。

```
>>> tup1 =()
>>> tup2 =(4,)
>>> tup3 = 9,8,6,5
>>> tup4 = (7,9,5,4,3)
>>> type(tup1)
<class 'tuple'>
>>> type(tup2)
<class 'tuple'>
>>> type(tup3)
<class 'tuple'>
>>> type(tup4)
<class 'tuple'>
```

但是，如前所述，以下示例代码创建的不是元组。

```
>>> tup5 = (0)
>>> type(tup5)
<class 'int'>
>>>
```

2. 假设 tup1 =(1,2,4),[8,5,4,6],(4,6,5,7),9,23,[98,56]，那么执行指令 tup1[1][0] =18 的结果是什么？执行指令 tup1[1].append(2)的结果是什么？

参考答案：tup1[1]是一个列表对象，列表是可变对象。元组是不可变对象，但是如果元组的元素是可变的，则其嵌套元素可以被更改。

```
>>> tup1 = (1,2,4),[8,5,4,6],(4,6,5,7),9,23,[98,56]
>>> tup1[1][0]=18
>>> tup1[1]
[18, 5, 4, 6]
>>> tup1[1].append(2)
>>> tup1
((1, 2, 4), [18, 5, 4, 6, 2], (4, 6, 5, 7), 9, 23, [98, 56])
>>>
```

3. 如何测试一个元素是否存在于某个元组中？

参考答案：可以使用 in 运算符检查一个元素是否存在于元组中。

```
>>> tup1 = ((1, 2, 4), [18, 5, 4, 6, 2], (4, 6, 5, 7), 9, 23,
[98, 56])
>>> 6 in tup1
False
>>> member = [4,6,5,7]
>>> member in tup1
False
>>> member2 = (4, 6, 5, 7)
>>> member2 in tup1
True
>>>
```

4. 如何获得元组中的最大值和最小值？

参考答案：可以使用 max()方法获得元组中的最大值，使用 min()方法获得元组中的最小值。

```
>>> tup1 = (4, 6, 5, 7)
>>> max(tup1)
7
>>> min(tup1)
4
>>>
```

5. 字典可以将列表作为键或者值吗？

参考答案：字典可以将列表作为值，但不能作为键。

```
>>> dict1 = {'English literature':'67%','Maths':'78%','Social
Science':'87%','Environmental Studies':'97%'}
>>> dict1['English literature'] = ['67%','78%']
>>> dict1
{'English literature': ['67%', '78%'], 'Maths': '78%', 'Social
Science': '87%', 'Environmental Studies': '97%'}
>>>
```

如果尝试将列表作为键，则会产生如下的错误信息。

```
>>> dict1 = {['67%','78%']:'English literature','Maths':'78%',
'Social Science':'87%','Environmental Studies':'97%'}
Traceback (most recent call last):
File "<pyshell#30>", line 1, in <module>
dict1 = {['67%','78%']:'English literature','Maths':'78%',
'Social Science':'87%','Environmental Studies':'97%'}
TypeError: unhashable type: 'list'
>>>
```

第 7 章

集合和不可变集合

在本章中，我们将学习集合，集合是不重复元素的可变无序集合。集合不是序列类型，不能通过索引进行访问。我们还将讨论不可变集合（frozen sets）。不可变集合可以用作字典对象中的键。

本章组织结构

- 集合
- 集合的基本规则
- 将其他类型转换为集合
- 使用集合
  - 运算符：in/not in、==、<、<=、>、>=等
  - 集合的方法：add()、clear()、copy()、discard()、remove()、pop()、update()等
  - 集合运算：差集（-）、对称差集（^）、并集（|）、交集（&）、isdisjoint()方法等
- 不可变集合
- 集合和不可变集合的区别

本章学习目标

阅读本章后，读者将掌握以下知识点。

- 使用集合。
- 将其他类型转换为集合。
- 执行集合运算。
- 使用不可变集合。

7.1　集合

集合是不重复元素的可变无序集合。集合不是序列类型，不能由索引访问。因为集

合是可变对象，所以可以修改集合中的内容。集合包含的元素可以是不可变对象。与列表或者元组相比，集合中的元素查找时间非常短。集合中的元素查找时间是常数时间，与集合的大小无关。这是因为集合是作为哈希表实现的，Python 直接查找，不需要扫描所有的元素。但是，集合比列表或者元组消耗更多的内存。

集合对象使用大括号({})括起来，每个元素之间使用逗号分隔。示例代码如下所示。

```
>>> set1 = {1,2}
>>> type(set1)
<class 'set'>
>>>
```

由于集合中的元素之间是无序的，因此无法通过索引访问集合中的每个元素。示例代码如下所示。

```
>>> set1 = {1,2}
>>> set1[0]
Traceback (most recent call last):
  File "<pyshell#4>", line 1, in <module>
    set1[0]
TypeError: 'set' object is not subscriptable
>>>
```

在许多情况下，我们可以使用无序不重复元素的集合，如电子邮件 ID、社会安全号码、IP 地址、MAC 地址、社交媒体用户名等。集合可以处理此类数据。

使用集合的构造函数可以简单地创建一个空集合。示例代码如下所示。

```
>>> set1 = set()
>>> type(set1)
<class 'set'>
>>>
```

读者可能会认为，可以使用一对大括号({})创建一个空集。请读者尝试运行以下的测试代码。

```
>>> set1 = {}
>>> type(set1)
<class 'dict'>
>>>
```

回顾一下，大括号({})用于创建字典对象，因此不能用于创建集合对象。

7.2　集合的基本规则

集合可以包含不同类型的元素，但这些元素都必须是不可变对象。这意味着列表不能是集合的元素。请阅读以下代码片段。

```
>>> set1 = {1, 2.3,'hello',(2,3,4,5),{1:2,3:4},[3,4,5]}
Traceback (most recent call last):
  File "<pyshell#16>", line 1, in <module>
    set1 = {1, 2.3,'hello',(2,3,4,5),{1:2,3:4},[3,4,5]}
TypeError: unhashable type:'dict'
>>> set1 = {1, 2.3,'hello',(2,3,4,5),[3,4,5]}
Traceback (most recent call last):
  File "<pyshell#17>", line 1, in <module>
    set1 = {1, 2.3,'hello',(2,3,4,5),[3,4,5]}
TypeError: unhashable type:'list'
>>> set1 = {1, 2.3,'hello',(2,3,4,5)}
>>> set1
{2.3, 1, (2, 3, 4, 5),'hello'}
>>>
```

上述代码片段试图创建一个集合对象，该集合对象由整数、浮点、字符串、字典和列表组成。当解释器遇到字典时，它会产生一个类型错误。因此，我们删除字典对象，然后再次尝试创建一个包含剩余元素的集合对象。结果再次产生一个类型错误，因为列表不能是集合的元素。最后，使用整数、浮点数、字符串和元组，成功创建了集合对象 set1。

```
>>> set1 = {1, 2.3,'hello',(2,3,4,5)}
>>> set1
{2.3, 1,'hello', (2, 3, 4, 5)}
>>>
```

此外，一个集合中的元素不能是另一个集合，原因很简单，集合也是可变对象。示例代码如下所示。

```
>>> set1 = {{1,2,3},{4,5,6}}
Traceback (most recent call last):
  File "<pyshell#24>", line 1, in <module>
    set1 = {{1,2,3},{4,5,6}}
TypeError: unhashable type:'set'
```

7.3　将其他类型转换为集合

用户可以使用内置的 set() 函数，轻松地将字符串、列表或者元组对象转换为集合。示例代码如下所示。

```
>>>#字符串
>>> str1 = 'Hello'
```

```
>>>
>>>#列表
>>> list1 = [1,2,3,4]
>>>
>>>#元组
>>> tup1 = (5,6,7,8)
>>>
>>>#将字符串 str1 转换为集合
>>> set_str = set(str1)
>>> set_str
{'H','e','o','l'}
>>>
>>>#将列表 list1 转换为集合
>>> set_list = set(list1)
>>> set_list
{1, 2, 3, 4}
>>>
>>>#将元组 tup1 转换为集合
>>> set_tup = set(tup1)
>>> set_tup
{8, 5, 6, 7}
>>>
```

在上面的示例代码中，请注意字符串 Hello 在转换为集合时只包含 4 个元素 {'H', 'e', 'o', 'l'}。这是因为集合对象不能包含重复的值。另外，请注意，集合中的元素顺序可能与字符串、列表或者元组对象中的元素顺序相同，也可能不相同。示例代码如下所示。

```
>>> set_list = {1, 2, 3, 4}
>>> list(set_list)
[1, 2, 3, 4]
>>> set_tup = {8, 5, 6, 7}
>>> tuple(set_tup)
(8, 5, 6, 7)
>>>
```

7.4　使用集合

在本节中，我们将学习如何使用集合，以及如何使用集合的各种运算符及方法。

7.4.1　运算符：in/not in、==、<、<=、>、>=

在本小节中，我们将学习如何针对集合使用以下几种运算符。

1. in 和 not in 运算符

与列表和元组中一样，可以使用 in 和 not in 运算符检查某个元素是否属于集合。示例代码如下所示。

```
>>> set1 = {1,2,3,4,5}
>>> 1 in set1
True
>>> 1 not in set1
False
>>> 6 in set1
False
>>> 6 not in set1
True
>>>
```

2. == 运算符

可以使用 == 运算符检查两个集合是否相等。示例代码如下所示。

```
>>> set1 = {1,2,3,4,5}
>>> set2 = {1,2,3,4,5}
>>> set3 = {1,2,3,4,5,6,7,8,9}
>>> set1 == set2
True
>>> set1 == set3
False
>>>
```

3. < 运算符

当 < 运算符与集合一起使用时，如果该运算符左侧的集合包含在右侧的集合中，则返回 True；否则返回 False。示例代码如下所示。

```
>>> set1 = {10,20,30,40,50,60}
>>> set2 = {50,60,70,80,90,100}
>>> set3 = {10,20,30,40,50,60,70,80,90,100}
>>> set1 < set2
False
>>> set1 < set3
True
>>>
```

4. <= 运算符

当 <= ①运算符与集合一起使用时，如果该运算符左侧的集合包含在右侧的集合中

---

① 译者注：原著此处有误，应该是“<=”，而不是“<”。

或者等于右侧的集合，则返回 True；否则返回 False。示例代码如下所示。

```
>>> set1 = {10,20,30,40,50,60}
>>> set2 = {10,20,30,40,50,60}
>>> set1 <= set2
True
>>> set3 ={2,3}
>>> set4 = {1,2,3,4}
>>> set3 <= set4
True
>>> set5 = {10,2,14,30,45}
>>> set3 >= set5
False
>>>
```

5. >运算符

当>运算符与集合一起使用时，如果该运算符右侧的集合包含在左侧的集合中，则返回 True；否则返回 False。示例代码如下所示。

```
>>> set1 = {10,20,30,40,50,60}
>>> set2 = {50,60,70,80,90,100}
>>> set3 = {10,20,30,40,50,60,70,80,90,100}
>>> set1 > set2
False
>>> set3 > set2
True
>>>
```

7.4.2 集合的方法

在本小节中，我们将学习集合的以下几种①非常重要的内置方法。

1. add( )方法

add( )方法用于将元素添加到集合中。示例代码如下所示。

```
>>>#add()
>>> set1 = {1,2,3,4,5,6}
>>> set1.add(9)
>>> set1
{1, 2, 3, 4, 5, 6, 9}
```

2. clear( )方法

clear( )方法用于从集合中删除所有元素。示例代码如下所示。

---

① 译者注：原著此处有误，根据本节中的内容判断，本节介绍了集合的 7 种方法，而不是 3 种。

```
>>> #clear()
>>> set1 = {1,2,3,4,5,6}
>>> set1.clear()
>>> set1
set()
>>>
```

3. copy()方法

copy()方法用于返回集合的副本。使用赋值运算符（=）创建对同一集合对象的引用。以下示例代码显示了两者之间的差异。

```
>>> set1 = {1,2,3,4,5,6}
>>> set2 = set1
>>> #set1 和 set2 引用相同的内存地址
>>> set1
{1, 2, 3, 4, 5, 6}
>>> set2
{1, 2, 3, 4, 5, 6}
>>> id(set1)
52412904
>>> id(set2)
52412904
>>> set3 = set1.copy()
>>> set3
{1, 2, 3, 4, 5, 6}
>>> id(set3)
52413464
#添加元素到 set1 中,则 set2 中同样会反映出这个变化
>>> set1.add(10)
>>> set1
{1, 2, 3, 4, 5, 6, 10}
>>> set2
{1, 2, 3, 4, 5, 6, 10}
>>> set3
{1, 2, 3, 4, 5, 6}
```

4. discard()和 remove()方法

discard()和 remove()方法用于从集合中删除指定的元素。示例代码如下所示。

```
>>> set1 = {1,2,3,4,5,6}
>>> set1.discard(1)
>>> set1
{2, 3, 4, 5, 6}
>>> set1.remove(2)
>>> set1
{3, 4, 5, 6}
```

```
# 如果尝试删除集合中不存在的元素,将不会产生错误
>>> set1.discard(10)
>>> set1
{3, 4, 5, 6}
# 如果尝试删除集合中不存在的元素,将产生错误
>>> set1.remove(2)
Traceback (most recent call last):
  File "<pyshell#22>", line 1, in <module>
    set1.remove(2)
KeyError: 2
```

5. pop( )方法

pop( )方法用于从集合中随机删除一个元素。示例代码如下所示。

```
>>> set1 = {1,2,3,4,5,6}
>>> set1.pop()
1
```

6. update( )方法

update( )方法[①]用于向集合中添加多个值。示例代码如下所示。

```
>>> set1 ={12,34,43,2}
>>> set1.update([76,84,14,56])
>>> set1
{2, 34, 43, 12, 76, 14, 84, 56}
>>>
```

7.5　集合运算

在本节中，我们将学习如何执行以下类型的集合运算。

（1）差集（-）。

（2）对称差集（^）。

（3）并集（|）。

（4）交集（&）。

（5）isdisjoint( )方法。

下面逐一学习这些集合运算。

7.5.1　差集（-）

如果 set1 和 set2 是两个不同的集合，那么 set1. difference（set2）将返回一个新集

① 译者注：原著此处表达有误，应该是“方法”，而不是“函数”。

合，该集合中的元素仅在set1中存在，而在set2中不存在，如图7－1所示。

示例代码如下所示。

```
>>> set1 = {10,20,30,40,50,60}
>>> set2 = {50,60,70,80,90,100}
>>> set1.difference(set2)
{40, 10, 20, 30}
>>>
```

或者

```
>>> set1 - set2
{40, 10, 20, 30}
>>>
```

但是，difference( )方法和差集（-）之间存在很大的差异。difference( )方法可以将任何可迭代对象作为参数，但差集（-）要求两个操作数必须都是集合。

7.5.2　对称差集（^）

对称差集（^）将返回一个新集合，包含两个集合中所有非共同的元素，如图7－2所示。

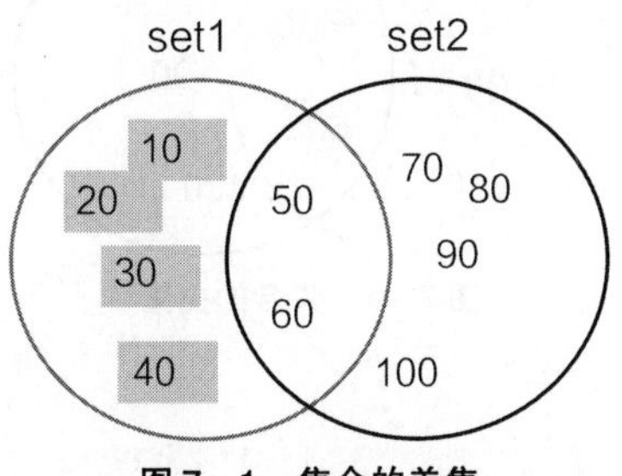

图7－1　集合的差集

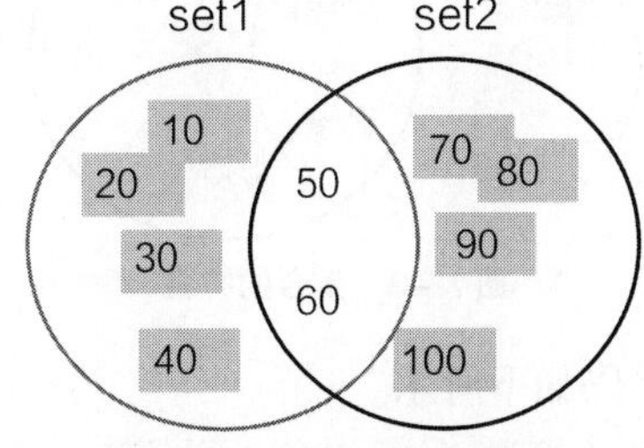

图7－2　集合的对称差集

示例代码如下所示。

```
>>> set1 = {10,20,30,40,50,60}
>>> set2 = {50,60,70,80,90,100}
>>> set1.symmetric_difference(set2)
{70, 10, 80, 20, 90, 30, 100, 40}
```

或者

```
>>> set1 ^ set2
{70, 10, 80, 20, 90, 30, 100, 40}
>>>
```

7.5.3　并集（|）

并集（|）将返回所有集合中的所有不重复的元素，如图 7-3 所示。

示例代码如下所示。

```
>>> set1 = {10,20,30,40,50,60}
>>>set2 = {50,60,70,80,90,100}
>>> set1.union(set2)
{100, 70, 40, 10, 80, 50, 20, 90, 60, 30}
```

或者

```
>>> set1 | set2
{100, 70, 40, 10, 80, 50, 20, 90, 60, 30}
```

7.5.4　交集（&）

交集（&）将返回一个集合，该集合包含所有集合中的公共元素，如图 7-4 所示。

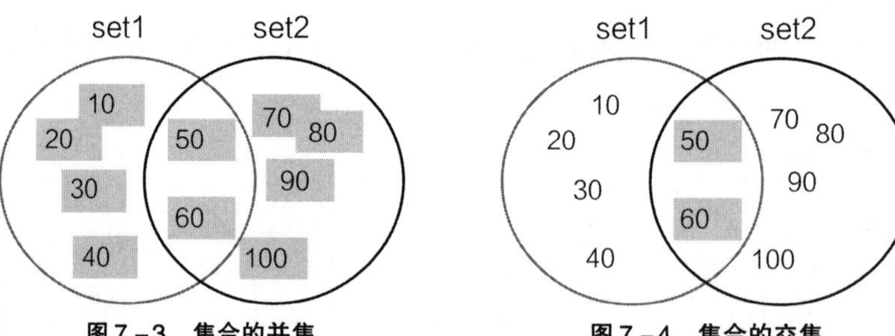

图 7-3　集合的并集　　图 7-4　集合的交集

示例代码如下所示。

```
>>> set1 = {10,20,30,40,50,60}
>>> set2 = {50,60,70,80,90,100}
>>> set1.intersection(set2)
{50, 60}
```

或者

```
>>> set1 & set2
{50, 60}
>>>
```

7.5.5　isdisjoint()方法

如果两个集合是不相交的集合，即这些集合没有公共元素，则 isdisjoint()方法返回 True；否则返回 False。示例代码如下所示。

```
>>> set1 = {10,20,30,40,50,60}
>>> set2 = {50,60,70,80,90,100}
>>> set3 = {70,80,90,100}
>>> set1.isdisjoint(set2)
False
>>> set1.isdisjoint(set3)
True
>>>
```

【例 7.1】

识别以下关于集合的运算，并预测运算结果。

（1）示例代码 1。

```
>>> set1 = {1,5,4,3,6,7,10}
>>> set2 = {10,3,7,12,15}
>>> set1 |set2
```

（2）示例代码 2。

```
>>> set1 = {1,5,4,3,6,7,10}
>>> set2 = {10,3,7,12,15}
>>> set1 & set2
```

（3）示例代码 3。

```
>>> set1 = {1,5,4,3,6,7,10}
>>> set2 = {10,3,7,12,15}
>>> set1 - set2
```

（4）示例代码 4。

```
>>>set1 = {1,5,4,3,6,7,10}
>>> set2 = {10,3,7,12,15}
>>> set1^set2
```

运算结果如下。

（1）两个集合的并集：{1, 3, 4, 5, 6, 7, 10, 12, 15}。

（2）两个集合的交集：{10, 3, 7}。

（3）两个集合的差集：{1, 4, 5, 6}。

（4）两个集合的对称差集：{1, 4, 5, 6, 12, 15}。

7.6 不可变集合

不可变集合是不可变对象。不可变集合可以用作字典对象中的键。

可以使用 frozenset( )函数创建不可变集合。示例代码如下。

```
>>> frozenset1 = frozenset()
>>> frozenset2 = frozenset('Hello')
>>> frozenset3 = frozenset([1,2,3,4])
>>> frozenset4 = frozenset((5,6,7,8))
>>> frozenset1
frozenset()
>>> frozenset2
frozenset({'o','e','l','H'})
>>> frozenset3
frozenset({1, 2, 3, 4})
>>> frozenset4
frozenset({8, 5, 6, 7})
>>>
```

所有对集合的元素不做任何修改的方法和运算操作都可以应用于不可变集合。

不可变集合是不可变对象，因此，它可以作为集合中的元素。示例代码如下。

```
>>> fs = frozenset([1,2,3,4,5])
>>> s1 ={1,5}
>>> s1.add(fs)
>>> s1
{frozenset({1, 2, 3, 4, 5}), 1, 5}
>>>
```

7.7 集合和不可变集合的区别

请阅读以下代码片段，它们阐述了集合和不可变集合的区别。

```
>>> set1 ={1,2,3}
>>> set2 = set1.copy()
>>> id(set1)
51364552
>>> id(set2)
51365112
>>> set1 is set2
False
>>> fs1 = frozenset([1,2,3,4])
>>> fs2 = fs1.copy()
>>> id(fs1)
51365224
>>> id(fs2)
51365224
>>> fs1 is fs2
True
>>>
```

在上述代码片段中，由于不可变集合是不可变对象，所以 fs1 和 fs2 都是相同的对象，它们保存在相同的内存位置中。

本章要点

- 集合由多个无序的元素组成。
- 集合中的每个元素都是唯一且不可变的对象。
- 集合本身是可变对象。
- 集合可以用于执行数学意义上的集合运算。
- 可以将所有元素放在大括号({})中创建集合，集合元素之间使用逗号（,）分隔。
- 也可以使用内置的set()函数创建集合。
- 由于集合是无序的，因此不能使用索引访问集合中的元素。
- 可以使用in和not in运算符检查元素是否属于集合。
- 可以使用==运算符检查两个集合是否相等。
- <运算符可以与集合一起使用。如果<运算符左侧的集合包含在右侧的集合中，则返回True；否则返回False。
- <=运算符可以与集合一起使用。如果<=运算符左侧的集合包含在右侧的集合中或者等于右侧的集合，则返回True；否则返回False。
- >运算符可以与集合一起使用。如果>运算符右侧的集合包含在左侧的集合中，则返回True；否则返回False。
- add()：将元素添加到集合中。
- clear()：从集合中删除所有元素。
- copy()：返回集合的副本。赋值运算符（=）可以创建对同一集合对象的引用。
- discard()和remove()：从集合中删除指定的元素。
- pop()：从集合中随机删除一个元素。
- update()：为集合添加多个值。

本章结论

在本章中，我们学习了集合和不可变集合。有了这些知识，现在可以学习一些用于控制程序流程的高级内容。我们将在第8章中学习程序流程控制。

本章习题

一、简答题

1. 可以使用哪些方法从集合中删除值？

参考答案：

（1）discard()方法。

（2）remove()方法。

示例代码如下所示。

```
>>> set1 = {2, 34, 43, 12, 76, 14, 84, 56}
>>> set1.remove(2)
>>> set1
{34, 43, 12, 76, 14, 84, 56}
>>> set1.discard(84)
>>> set1
{34, 43, 12, 76, 14, 56}
```

2. pop()方法的用途是什么？

参考答案：pop()方法①用于从集合中随机删除一个元素。示例代码如下所示。

```
>>> set1 = {2, 34, 43, 12, 76, 14, 84, 56}
>>> set1.pop()
2
>>> set1
{34, 43, 12, 76, 14, 84, 56}
>>>
```

二、编程题

1. 如何向集合中添加单个元素？

参考答案：可以通过 add()方法向集合中添加单个元素。示例代码如下所示。

```
>>> set1 ={12,34,43,2}
>>> set1.add(32)
>>> set1
>>>
{32, 2, 34, 43, 12}
>>>
```

2. 如何从集合中删除所有元素？

参考答案：可以使用 clear()方法②删除集合中的所有元素。示例代码如下所示。

---

① 译者注：原著此处表达有误，应该是“方法”，而不是“函数”。

② 译者注：原著此处表达有误，应该是“方法”，而不是“函数”。

```
>>> set1 = {2, 34, 43, 12, 76, 14, 84, 56}
>>> set1.clear()
>>> set1
set()
```

三、论述题

请问如何创建一个空集合?

参考答案: 内置函数 set( )用于创建一个空集合。不能使用空的大括号来创建空集合，因为这种方式将创建一个空的字典对象。示例代码如下所示。

```
>>>set1 = {}
>>> type(set1)
<class 'dict'>
>>> set1 = set()
>>> type (set1)
<class 'set'>
>>>
```

第 8 章

Python程序流程控制

到目前为止，我们讨论了程序设计中的简单语句，本书中的示例代码都能逐行顺利执行，不会出现任何问题。但在实际的软件开发中，我们将处理复杂的逻辑工作。在本章中，我们将学习用于决策和控制程序流程的语句。

本章组织结构

- 使用 if 语句
  - if…elif…else 语句
  - if 语句
  - if…else 语句
  - 嵌套 if 语句
- for 循环
  - 在指定范围的数字系列上迭代
  - 如何将指定的范围转换为列表
  - 在指定的范围内设置负步长
- while 循环
- 循环语句中的 else 子句
- continue 语句、break 语句和 pass 语句
- 控制结构的回顾与总结
- Python 迭代器
- Python 生成器

本章学习目标

阅读本章后，读者将掌握以下知识点。

- 使用 if 语句。
- 使用 for 循环。
- 使用 while 循环。
- 使用循环中的 else 子句。
- 使用 continue 语句、break 语句和 pass 语句。
- 使用 Python 迭代器。
- 使用 Python 生成器。

每个控制流程语句都有一个代码块。此代码块由英文冒号（:）和缩进来定义。我们已经了解到，Python 使用 4 个空格（PEP8 标准）的缩进格式来标记代码块的开头。根据 PEP8 中定义的最佳实践，不建议使用一个制表符来代替 4 个空格。在其他一些[①]程序设计语言中，缩进只是为了提高代码的可读性，代码块是在大括号（{}）中定义的。然而，在 Python 程序设计中，缩进格式是至关重要的。

8.1 使用 if 语句

在程序设计过程中，我们经常会遇到这样的情况：必须决定在不同的场景下，程序如何工作。例如，为学校构建了校园管理软件，但不能将相同的权限授予所有用户。学生和教师将享有不同的特权。因此，如果学生登录，则赋予一组权限；如果教师登录，则赋予另一组权限。

8.1.1 if...elif...else 语句

在本小节中，我们将学习 if…elif…else 语句。此语句适用于存在多个场景的情况，如图 8－1 所示。if…elif…else 语句的语法格式如下所示。

```
if this_condition_is_true:
    #执行此语句提供的代码块
    ----------------------------------------
    ----------------------------------------
elif this_condition is true:
    #执行此语句提供的代码块
    ----------------------------------------
    ----------------------------------------
```

① 译者注：原著此处表达不精确，“all languages”不妥，最好改为“其他一些”。

```
else:
    #执行此语句提供的代码块
    ----------------------------------------
    ----------------------------------------
```

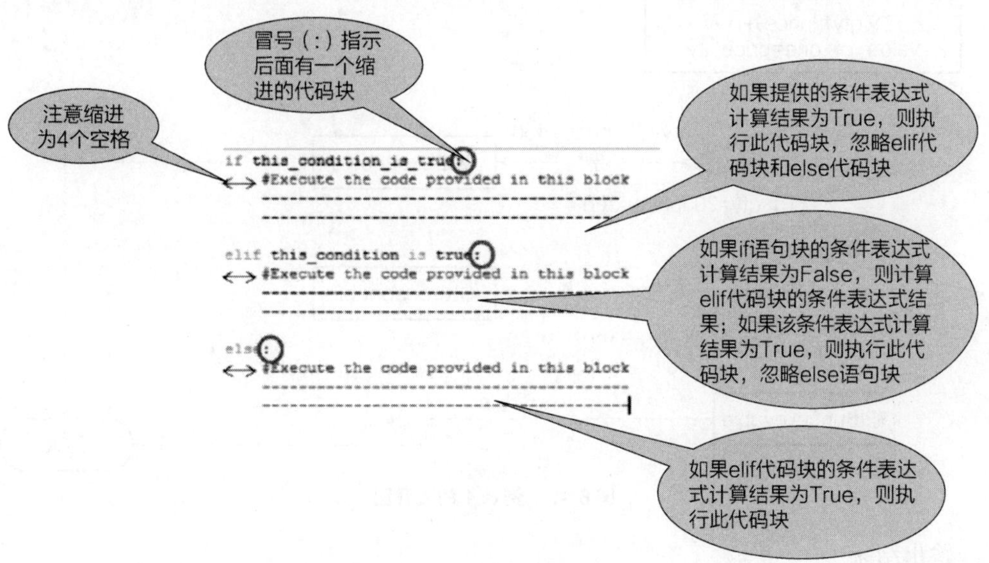

图 8－1　if…elif…else 语句

现在，让我们充分利用上述信息。请仔细阅读例 8.1 的片码片段。

【例 8.1】

请阅读以下代码片段。

```
qty = int(input("How many apples do you have? :"))
price = float(input("What is the total cost? :"))
value_of_one = price/qty
if value_of_one >= 20:
    print("one apple costs {} and it is too expensive".format(value_of_one))
elif (value_of_one <20) & (value_of_one >= 10):
    print("one apple costs {} and it is reasonable".format(value_of_one))
else:
    print("one apple costs {} and it is unbelievable".format(value_of_one))
```

上述代码片段包含三种条件：if、elif、else。

仅当一个苹果的价格大于或者等于 20 时，才会执行 if 语句块。如果一个苹果的价格低于 20，则表明 if 代码块的条件表达式的计算结果为 False。如果一个苹果的价格小于 20 但大于或者等于 10，则表明 elif 代码块的条件表达式的计算结果为 True，执行该代码块。如果一个苹果的价格小于 10，则表明 elif 代码块的条件表达式的计算结果为 False，执行 else 代码块。例 8.1 的流程图如图 8－2 所示。

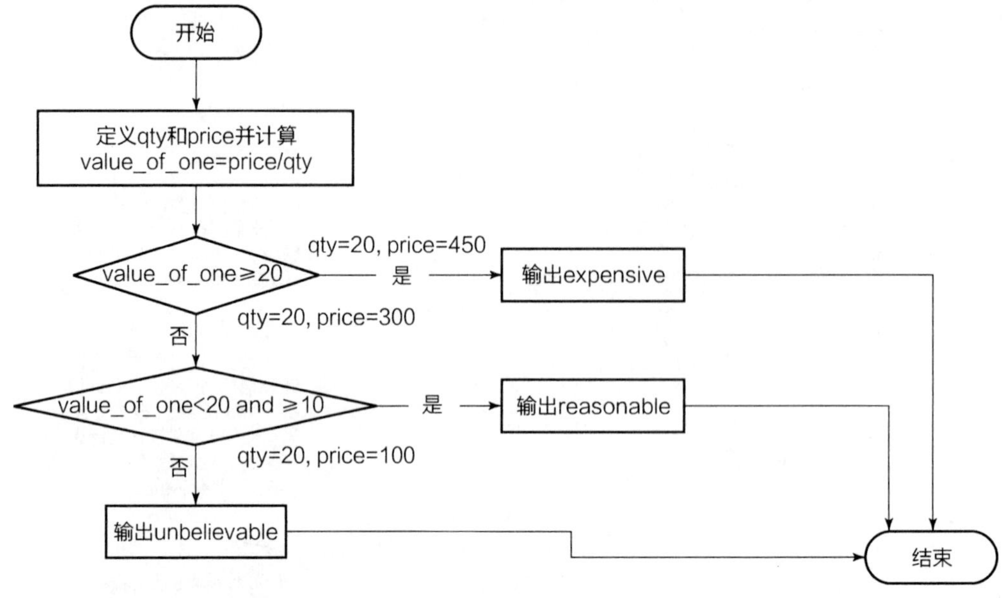

图 8－2　例 8.1 的流程图

输出结果 1：

```
How many apples do you have? : 20
What is the total cost? : 450
one apple costs 22.5 and it is too expensive
>>>
```

输出结果 2：

```
How many apples do you have? : 20
What is the total cost? : 300
one apple costs 15.0 and it is reasonable
>>>
```

输出结果 3：

```
How many apples do you have? : 20
What is the total cost? : 100
one apple costs 5.0 and it is unbelievable
>>>
```

请记住，在使用 if…elif…else 语句时，三个代码块（if、elif 和 else）中只有一个代码块被执行。

注意：

条件语句中可以只包含 if 代码块（如稍后的示例所示），其关联的 elif 代码块或者 else 代码块不是必需的。

8.1.2　if 语句

if 语句也可以单独使用，不提供 elif 代码块和 else 代码块。其语法格式如下所示。

```
#程序代码
_______________________________________
_______________________________________
if this_condition_is_true:
   #执行此语句提供的代码
   _______________________________________
   _______________________________________
#程序代码
_______________________________________
_______________________________________
```

仅当与 if 语句关联的条件表达式的计算结果为 True 时，才会执行 if 语句。

```
breakfast = input("What's for breakfast?")
if((breakfast == 'chicken') or (breakfast =='egg')):
    print('I would prefer vegetarian food!')
print('Thank you for the service')
```

输出结果 1：

```
What's for breakfast? chicken
I would prefer vegetarian food!
Thank you for the service
>>>
```

输出结果 2：

```
What's for breakfast? egg
I would prefer vegetarian food!
Thank you for the service
>>>
```

输出结果 3：

```
What's for breakfast? Veg Sandwich
Thank you for the service
>>>
```

8.1.3 if...else 语句

if...else 语句的语法格式如下所示。

```
if this_condition_is_true:
        #执行此语句提供的代码块
        ------------------------------------
        ------------------------------------
else:
        #执行此语句提供的代码块
        -------------------------------------
        -------------------------------------
```

如果 if 代码块的条件表达式计算结果为 True，则执行 if 代码块；否则将执行 else 代码块。

使用 if 语句时，请注意代码的缩进格式，如图 8 -3 所示。

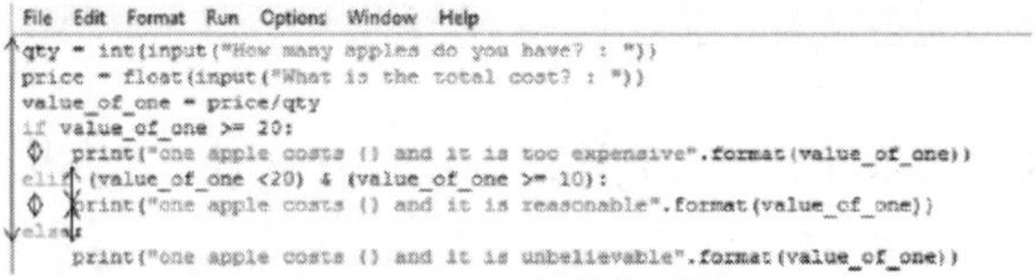

```
File  Edit  Format  Run  Options  Window  Help
qty = int(input("How many apples do you have? : "))
price = float(input("What is the total cost? : "))
value_of_one = price/qty
if value_of_one >= 20:
    print("one apple costs {} and it is too expensive".format(value_of_one))
elif (value_of_one <20) & (value_of_one >= 10):
    print("one apple costs {} and it is reasonable".format(value_of_one))
else:
    print("one apple costs {} and it is unbelievable".format(value_of_one))
```

图 8 -3　if 语句的缩进格式

如果代码未正确缩进，那么会生成缩进错误的警告信息。

请阅读以下代码片段，该代码片段使用 if...else 语句。

```
breakfast = input("What would you like to have for breakfast? ")
if(breakfast == 'chicken sandwich'):
    print('Chicken is out of stock will eggs do? ')
else:
    print('ok')
print('Your order will be served in ten minutes. ')
```

图 8 -4 所示的流程图说明了上述代码片段的工作原理。

输出结果 1：

```
What would you like to have for breakfast? chicken sandwich
Chicken is out of stock will eggs do?
Your order will be served in ten minutes.
>>>
```

输出结果 2：

```
What would you like to have for breakfast? Nuggets
ok
Your order will be served in ten minutes.
>>>
```

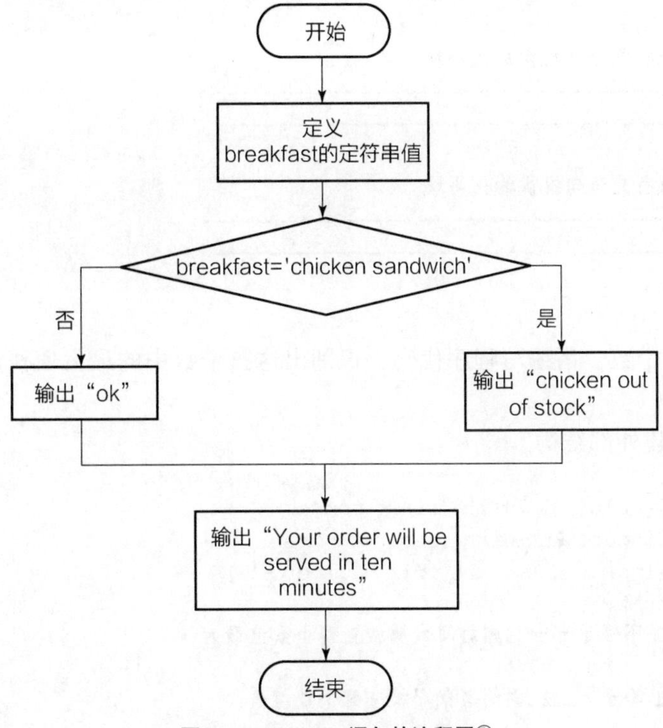

图 8-4　if...else 语句的流程图①

8.1.4　嵌套 if 语句

有时一个问题有太多的条件，需要测试一个又一个条件。这种情况可能导致嵌套的 if 语句。可以将一个 if...else 语句嵌套到另一个 if 语句中，if 语句嵌套的级别没有任何限制。

嵌套 if 语句的语法格式如下所示。

```
if this_condition_is_true:
      #执行此语句提供的代码块
      ________________________________________
      ________________________________________
      if this_condition_is_true:
          #执行此语句提供的代码块
          ________________________________________
          ________________________________________
      else:
          #执行此语句提供的代码块
          ________________________________________
          ________________________________________
```

① 译者注：原书图 8-4 所示流程图有误，译者提供了正确的流程图。

```
    elif this_condition is true:
        #执行此语句提供的代码块
        ----------------------------------------
        ----------------------------------------
    else:
        #执行此语句提供的代码块
        ----------------------------------------
        ----------------------------------------
```

【例 8.2】

用户输入三个数。请编写程序代码，识别出这三个数中的最大值，流程图如图 8 - 5 所示。

步骤 1：构建外部结构。

```
num1 = int(input('Enter the first number :'))
num2 = int(input('Enter the second number :'))
num3 = int(input('Enter the third number :'))
if num1 != num2:
    #如果 num1 不等于 num2,则编写代码检查哪个数值最大
else:
    #如果 num1 等于 num2,则编写代码检查哪个数值最大
```

步骤 2：处理内部结构。

```
num1 = int(input('Enter the first number :'))
num2 = int(input('Enter the second number :'))
num3 = int(input('Enter the third number :'))
if num1 != num2:
    #num1 不等于 num2
    if num1 > num2:
        #编写代码检查 num1 是否大于或者等于 num3
    else:
        #编写代码检查 num2① 是否大于或者等于 num3
else:
    #num1 等于 num2
```

步骤 3：编写完整的嵌套 if...else 结构。

```
num1 = int(input('Enter the first number :'))
num2 = int(input('Enter the second number :'))
num3 = int(input('Enter the third number :'))
if num1 != num2:
    #num1 不等于 num2
```

① 译者注：原著此处有误，应该是 num2。

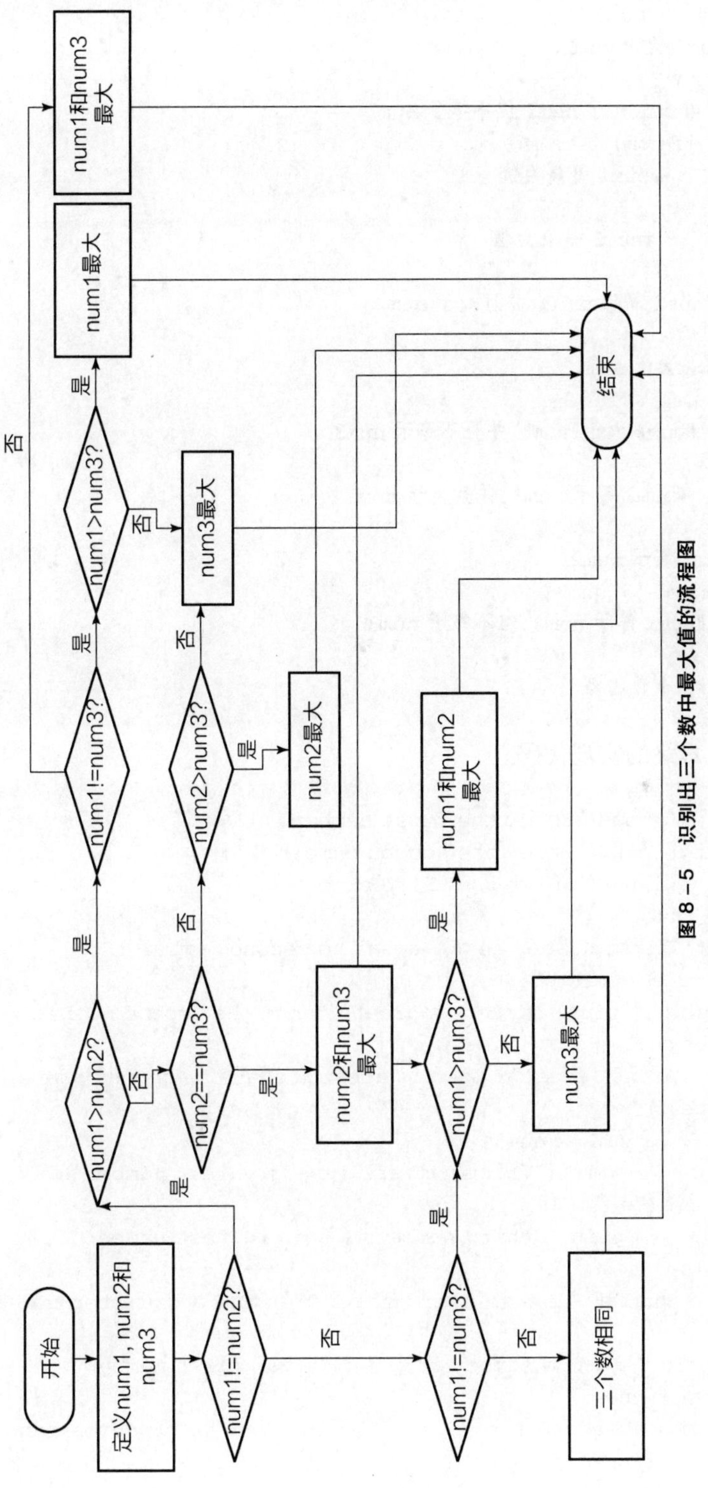

图 8－5　识别出三个数中最大值的流程图

```
    if num1 > num2:
       #num1 大于 num2
       if num1 != num3:
          #num1 大于 num2 但不等于 num3
          if num1 > num3:
             #num1 是最大值
          else:
             #num3 是最大值
       else:
          #num1 等于 num3,并且大于 num2
    else:
       #num2 大于 num1
       if num2 != num3:
          #num2 大于 num1,并且不等于 num3
       else:
          #num2 等于 num3,并且大于 num1
else:
    #num1 等于 num2
    if num1 != num3:
       #num1 等于 num2,但不等于 num3
else:
       #三个数相等
```

步骤 4：最终的实现代码。

```
num1 = int(input('Enter the first number : '))
num2 = int(input('Enter the second number : '))
num3 = int(input('Enter the third number : '))
if num1 != num2:
    print('first number is not equal to second number')
    if num1 > num2:
        print('first number is greater than the second number')
        if num1 != num3:
            print('first number is greater than the second number and not equal
to third number')
            if num1 > num3:
                print('first number is the greatest number')
            else:
                print('third number is the greatest number')
        else:
            print('First and third number are equal and greater than second number')
    else:
        print('second number is greater than first number')
    if num2 != num3:
        print('second number is greater than first number and not equal to
third number')
```

```
        else:
            print('second number and third number are equal and greater than first')
    else:
        print('first number and second number are equal')
        if num1 != num3:
            print('first number is equal to second number but not equal to third number')
            if num1 > num3:
                print('first and second number are equal and greater than third number')
            else:
                print('Third number is the greatest')
        else:
            print('All three numbers are equal')
```

输出结果如下所示。

```
Enter the first number : 20
Enter the second number : 20
Enter the third number : 30
first number and second number are equal
first number is equal to second number but not equal to third number
Third number is the greatest
>>>
======== ========
Enter the first number : 20
Enter the second number : 10
Enter the third number : 20
first number is not equal to second number
first number is greater than the second number
First and third number are equal and greater than second number
>>>
======== ========
Enter the first number : 20
Enter the second number : 30
Enter the third number : 30
first number is not equal to second number
second number is greater than first number
second number and third number are equal and greater than first
>>>
======== ========
Enter the first number : 20
Enter the second number : 10
Enter the third number : 10
first number is not equal to second number
```

```
first number is greater than the second number
first number is greater than the second number and not equal to third number
first number is the greatest number
>>>
================
Enter the first number : 100
Enter the second number : 10
Enter the third number : 10
first number is not equal to second number
first number is greater than the second number
first number is greater than the second number and not equal to third number
first number is the greatest number
>>>
```

注意：

三元运算符是一个条件表达式，用于在单行代码中实现简洁的 if...else 代码块。

三元运算符的语法格式如下：

```
[to do if true] if [Expression] else [to do if false]
```

示例代码如下所示。

```
x = 27
print("You have entered an even number") if x% 2 == 0 else
print("You have entered an odd number")
```

输出结果如下所示。

```
You have entered an odd number
```

8.2 for 循环

8.2.1 使用 for 循环实现迭代

for 循环用于执行重复性任务。for 循环将取一系列值作为参数，并将其逐个赋给循环变量。对于每个循环变量，代码块将执行一次。for 循环还用于处理可迭代的对象，如序列。因此，通过循环可以迭代序列或者集合中的每一个元素，每次获取其中的一个元素并执行针对该元素的循环代码。

注意：

对一个对象进行迭代意味着从集合或者序列中逐个提取元素。

【例 8.3】

代码如下所示。

```
>>> subjects = ['Physics','Chemistry','Biology',
```

```
'Geography','History','Economics','Language']
>>> for element in subjects:
        print(element)
```

输出结果如下所示。

```
Physics
Chemistry
Biology
Geography
History
Economics
Language
>>>
```

for[①] 循环可以用于迭代字符串对象。

示例代码如下所示。

```
str1 = 'I love python'
for item in str1:
    print(item)
```

输出结果如下所示。

```
I

l
o
v
e

p
y
t
h
o
n
>>>
```

在以上示例代码中，我们注意到每个字符都打印在一个新行上。现在，我们对这个相同的代码稍做修改，然后再次执行。

```
str1 = 'I love python'
for item in str1:
    print(item, end =':')
```

① 译者注：原著此处有误，Python 中大、小写意义不同，for 关键字必须小写。

输出结果如下所示。

```
I: :l:o:v:e: :p:y:t:h:o:n:
```

因此，默认情况下，当在 for 循环中使用 print( ) 函数时，每个字符都打印在新行上，但可以在两个字符之间定义用户自己想要的内容。当使用 print（item，end =':'）时，意味着将在每个字符后面打印冒号（:）。让我们看看使用“end =''”时，输出结果将会是什么。

示例代码如下所示。

```
str1 = 'I love python'
for item in str1:
    print(item, end ='')
```

输出结果如下所示。

```
I l o v e p y t h o n
>>>
```

在列表上迭代的示例代码如下所示。

```
list1 = [10,20,30,40,50]
for item in list1:
   print(item)
```

输出结果如下所示。

```
10
20
30
40
50
>>>
```

【例 8.4】

编写程序代码以查找字符串中的重复字符。

```
string1 = input("enter the string : ")
for index in range(len(string1)):
    count = 0
    string2 = string1[(index+1):]
    for element in string2:
        if(element == string1[index]):
            count = count +1
            print( "{} is repeated in your string entry. ".format(element))
```

输出结果如下所示。

```
enter the string : BPB Publications
B is repeated in your string entry.
P is repeated in your string entry.
i is repeated in your string entry.
>>>
```

【例 8.5】

编写程序代码检查一个由奇偶数构成的列表中，每个元素是奇数还是偶数。

示例代码如下所示。

```
user_value = input("Please enter numbers separated① by single space : ")
user_ list = user_ value.split ()
for element in user_ list:
    if int (element)% 2 == 0:
        print ('{} is Even number'.format (element))
    else:
        print ('{} is Odd number'.format (element))
```

输出结果如下所示。

```
Please enter numbers separated by single space : 12 21 23 32 34 43 45 54
12 is Even number
21 is Odd number
23 is Odd number
32 is Even number
34 is Even number
43 is Odd number
45 is Odd number
54 is Even number
>>>
```

8.2.2 在一系列数字上迭代

用户还可以将 range( ) 函数与 for 循环一起使用。range( ) 函数用于返回一个数字序列。可以定义数字序列的起点和终点。在默认情况下，数字序列从 0 开始，递增 1，并在比终点少一个数字处结束。请阅读以下代码。

```
for number in range(10):
    print(number, end = ',')
```

输出结果如下所示。

```
0,1,2,3,4,5,6,7,8,9,
```

① 译者注：原著此处拼写有误，应该是 separated。

我们发现，对于 range(10)，打印的数字默认从 0 到 9，但不包括数字 10。这是因为我们要打印 10 个数字，0~9 正好包含 10 个数字。

用户还可以定义数字范围的起点。示例代码如下所示。

```
for number in range(6,10):
    print(number, end = ',')
```

输出结果如下所示。

```
6,7,8,9,
```

这个示例表明，对于 range(6, 10)，包括 6，但不包括 10。

还可以在 range( ) 函数中定义步长。

示例代码如下所示。

```
for number in range(6,20,4):
    print(number, end = ',')
```

输出结果如下所示。

```
6,10,14,18,
```

因此，可以说一个范围表示一个不可变的数字序列，通常用于循环一定的次数。当需要执行一定次数的任务时，通常使用范围。range( ) 函数的语法格式如下：

```
range(start, stop, step)
```

在默认情况下，start = 0，step = 1，包括 start，但不包括 stop。

range( ) 函数的另一个示例代码如下所示。

```
for number in range(1,11):
    print('is roll number {} present? '.format(number))
```

输出结果如下所示。

```
is roll number 1 present?
is roll number 2 present?
is roll number 3 present?
is roll number 4 present?
is roll number 5 present?
is roll number 6 present?
is roll number 7 present?
is roll number 8 present?
is roll number 9 present?
is roll number 10 present?
```

1. 将范围转换为列表

下面的代码显示如何使用 range( ) 函数创建一个列表。在这种情况下，将创建一个数字 10 ~ 40 的列表，两个连续元素之间有 3 个步长的间隔。示例代码如下所示。

```
rng = range(10,40,3)
lst = list(rng)
print(lst)
```

输出结果如下所示。

```
[10, 13, 16, 19, 22, 25, 28, 31, 34, 37]
```

2. 范围中的负步长

还可以使用 range( ) 函数中值为负数的步长创建列表。示例代码如下所示。

```
rng = range(40,10, -3)
lst = list(rng)
print(lst)
```

输出结果如下所示。

```
[40, 37, 34, 31, 28, 25, 22, 19, 16, 13]
```

请注意，在这种情况下，包括值 40，但不包括值 10。

8.3　while 循环

while 循环根据条件执行代码块。只要条件一直为 True，循环就会继续执行。条件是一个布尔表达式。如果条件表达式的结果始终保持为 True，则 while 循环将永远不会停止执行。

while 循环的语法格式如下：

```
while(condition is true):
    ……
```

阅读以下代码片段。

```
x = 0
while(x <10):
    print(x)
```

这段代码将一直执行并表现为一个无限循环，因为 x 的值永远不会增加，while 循环的条件始终为 True。

现在，让我们在每次迭代结束时将 x 的值增加 1。示例代码如下所示。

```
x = 0
while(x<10):
    print(x)
    x = x+1
```

输出结果如下所示。

```
0
1
2
3
4
5
6
7
8
9
>>>
```

8.4　循环语句中的 else 子句

for 循环和 while 循环都可以有一个可选的 else 代码块，该代码块将在以下情况下执行。

（1）循环的项全部穷尽。

（2）while 循环中的条件表达式的结果为 False。

如例 8.6 和例 8.7 所示。

【例 8.6】

使用带 else 子句的 while 循环。代码如下所示。

```
a = 50
while a < 100:
    if a% 10 ==0:
       print(a)
    a +=1
else:
    print('Some boolean condition false')
```

输出结果如下所示。

```
50
60
70
80
90
```

```
Some boolean condition false
>>>
```

【例 8.7】

使用带 else 子句的 for 循环。代码如下。

```
for a in range(50,100):
    if a% 10 ==0:
        print(a)
    a +=1
else:
    print('Some boolean condition false')
```

输出结果如下所示。

```
50
60
70
80
90
Some boolean condition false
>>>
```

8.5　continue 语句、 break 语句和 pass 语句

如果读者了解 C 语言，那么一定使用过 continue 语句。当使用 continue 语句时，控制被传递到循环的开头。当前循环迭代中的所有剩余语句都将被忽略，控制将移到循环的顶部。当希望跳过循环的其余语句并继续迭代时，可以使用 continue 语句。continue 语句可以与 for 循环和 while 循环一起使用。

【例 8.8】

显示 0 ~ 10 的所有奇数。

代码如下所示。

```
for x in range(10):
   if(x% 2 == 0):
       continue
   print(x)
```

输出结果如下所示。

```
1
3
5
7
```

```
9
>>>
```

【例 8.9】

假设 str1 = " I don't know Python. "。从字符串 str1 中删除" don't"，并重新打印结果字符串。

代码如下所示。

```
str1 = "I don't know Python."
list1 = str1.split()
for item in list1:
    if item == "don't":
        continue
    print(item, end='')
```

输出结果如下所示。

```
I know Python.
>>>
```

接下来讨论 pass 语句。顾名思义，关键字 pass 用于简单地传递执行。这是一个空操作，在执行 pass 语句时不会发生任何事情。在开发软件时，按一般原则，即使软件没有完成，也要持续测试。在这种情况下，pass 语句用于在测试期间跳过有问题或者不完整的部分。请查看下面的代码，for 循环应该至少有一条指令，否则会产生语法错误，如图 8－6 所示。

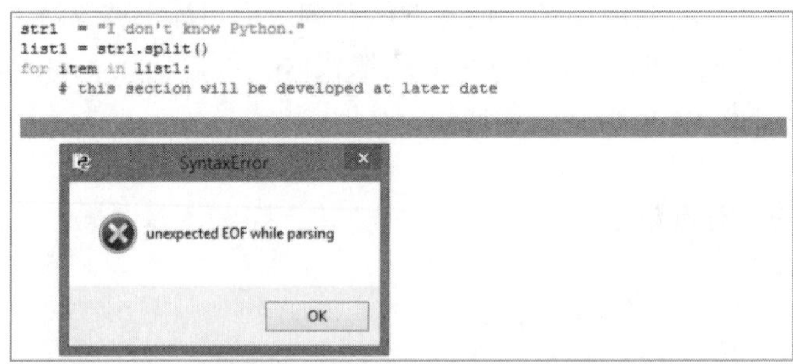

图 8－6　for 循环应该至少有一条指令，否则会产生语法错误

图 8－7 所示的代码可以正常工作。

```
str1 = "I don't know Python."
list1 = str1.split()
for item in list1:
    # this section will be developed at later date
    pass
```

图 8－7　for 循环可以正常工作

代码现在执行时没有任何问题，并且由于 pass 是空指令，所以该代码没有输出，如图 8－8 所示。

```
>>>
Ln: 47 Col
```

图 8-8　pass 是空指令，因此该代码无任何输出

break 语句用于中断包含该语句的最内层循环。每当遇到 break 语句，当前循环就终止，控制将传递到循环后的下一条语句。如果在嵌套循环中遇到 break 语句，则它将只中断最内层的循环。如果循环由 break 语句终止，则不会执行与其关联的 else 语句块。示例代码如下所示。

```
for element in range(10):
    if(element*2 == 8):
        break
    print(element)
print('For loop over')
```

当 element ==4，element * 2 ==8 时，break 语句中断 for 循环，控制将转到 for 循环后的下一条语句，即 print 语句，并执行该语句。

输出结果如下所示。

```
0
1
2
3
For loop over
>>>
```

注意：

for 循环和 while 循环中的 continue[①] 语句、break 语句和 pass 语句是 Python 特有的语法。

8.6　控制结构的回顾与总结

在 Python 中，控制结构包括以下两种类型。

（1）选择结构。

（2）循环结构。

分支程序可以分为以下三个部分。

（1）一个测试条件，它是一个结果为 True 或 False 的表达式。

（2）条件表达式的结果为 True 时必须执行的代码块。

（3）条件表达式的结果为 False 时可以执行的另一个代码块。这是可选的。

一旦执行了条件代码块，控制将传递给条件代码块后的语句。条件语句的语法格式

---

① 译者注：原著此处有误，Python 中大、小写意义不同，此处的关键字必须是小写的 continue。

如下：

```
if Boolean_expression:
    ------------------------
    ------------------------
else:
    ------------------------
    ------------------------
```

另一种形式的控制结构称为循环结构，它以条件语句开始。如果条件表达式的计算结果为 True，则循环将执行一次，控制将返回到测试条件表达式，以检查其计算结果是否仍然为 True。如果是，则再次执行循环。此过程将一直继续，直到条件表达式的计算结果为 False。当条件表达式的计算结果为 False 时，控制将传递到下一行代码。for 循环和 while 循环属于这类控制结构。

在使用控制结构时，需要保证正确的缩进格式。

8.7 Python 迭代器

可以迭代的对象称为迭代器。迭代器是一个包含可数个值的对象。迭代器可以被迭代，这意味着用户可以遍历迭代器中所有的值。迭代器对象可以实现迭代器协议，该协议由__iter__()方法和__next__()方法组成。序列（如列表、元组等）是具有 iter()方法的可迭代对象，该方法可用于获取迭代器。

假设有一个列表 list1 = [1,2,3,4,5]，我们可以使用 for 循环打印列表中的所有值。代码如下所示。

```
>>> list1 =[1,2,3,4,5]
>>> for i in list1:
print(i)①
 1
 2
 3
 4
 5
```

还可以创建一个迭代器对象并返回值。代码如下所示。

```
>>> list1 =[1,2,3,4,5]
>>> list_iter = iter(list1)
>>> print(next(list_iter))
1
```

① 译者注：原著此处有误，此处必须缩进，否则程序报错。

```
>>> print(next(list_iter))
2
>>> print(next(list_iter))
3
>>> print(next(list_iter))
4
>>> print(next(list_iter))
5
```

for 循环的工作原理是通过创建一个可迭代对象，来为每次循环执行 next( )方法。

8.8 Python 生成器

Python 生成器以非常简单的方式创建迭代器。生成器是迭代器的一个子类。当创建迭代器时，使用__iter( )__函数和__next( )__函数，但生成器的情况并非如此。我们使用一个函数来创建 Python 生成器。生成器使用 yield 关键字，而不是 return 关键字。至少包含一个 yield 关键字的函数是生成器。return 关键字用于终止函数，任何放在 return 语句之后的内容都不会执行。另外，yield 关键字暂停函数的执行并保存当前的执行状态，将控制转移给调用者，然后继续进行后续调用。当函数终止时，将自动引发 stopIteration 异常，以供进一步调用。

生成器是一种独特的函数，可以在运行时暂停或者恢复程序的执行。我们可以从中获得迭代器对象。这个对象允许我们在每次迭代中单步执行并访问单个值。

可以通过两种方法创建生成器。第一种方法是创建一个用户自定义的函数，该函数使用 yield 关键字而不是 return 关键字来通知解释器它是一个生成器。

生成器的语法格式如下：

```
def genFunc():
    ...
     while(condition == True):
         ...
         yield result
```

第二种方法是通过创建匿名函数来创建生成器。例如：

```
genFunc = (val/2 for val in sequence)
```

读者可能会发现这与列表解析类似。但是，列表解析使用方括号并且返回一个完整的列表，而生成器使用圆括号并且一次返回一个值。

【例 8.10】

假设 list1 = [2, 4, 6, 8, 10]，创建一个生成器，将此列表作为输入，并计算每个元素的一半值。

代码如下所示。

```
>>> list1 = [2, 4, 6, 8, 10]
>>> genFunc = (val/2 for val in list1)
>>> print(next(genFunc))
1.0
>>> print(next(genFunc))
2.0
>>> print(next(genFunc))
3.0
>>> print(next(genFunc))
4.0
>>> print(next(genFunc))
5.0
```

或者

```
>>> def genFunc(list1):
        for i in list1:
            yield i/2
>>> x = genFunc(list1)
>>> print(next(x))
1.0
>>> print(next(x))
2.0
>>> print(next(x))
3.0
>>> print(next(x))
4.0
>>> print(next(x))
5.0
```

【例 8.11】

假设 $y = mx + c$，其中 $m = 2$，$c = 4$，对于 $x = [1,2,3,4,5,7]$，使用生成器函数获取（x，y）的值。

代码如下所示。

```
x = [1, 2 , 3, 4, 5, 7]
c = 4
m = 2
genFunc = ((i,(m*i+c)) for i in x )
print(next(genFunc))
print(next(genFunc))
print(next(genFunc))
print(next(genFunc))
print(next(genFunc))
print(next(genFunc))
```

输出结果如下所示。

```
(1, 6)
(2, 8)
(3, 10)
(4, 12)
(5, 14)
(7, 18)
```

本章要点

- if 语句。if 语句的语法格式如下：

```
if(condition):
    条件满足所要执行的语句①
```

如果条件表达式（condition）的计算结果为 True，则仅执行 if 语句块下的代码。

- if...else 语句。if...else 语句的语法格式如下：

```
if(condition):
    条件满足所要执行的语句②
else:
    条件不满足所要执行的语句③
```

- 嵌套 if 语句。嵌套 if 语句的语法格式如下：

```
if(condition1):
    条件 1 满足所要执行的语句④
elif(condition2):
    条件 1 不满足但条件 2 满足所要执行的语句⑤
elif(condition3):
    条件 1 和条件 2 都不满足但条件 3 满足所要执行的语句⑥
```

- for 循环用于执行重复性的任务。for 循环的语法格式如下：

```
for < iterating_variable > in sequence:
    重复的步骤⑦
```

- for 循环将取一系列值作为参数，并将这些参数值逐个赋值给循环变量。
- for 循环还用于处理可迭代的对象，如序列。
- range( ) 函数用于返回一个数字序列。range( ) 函数的语法格式如下：

---

① 译者注：原著此处有误，此处必须缩进，否则程序报错。
② 译者注：原著此处有误，此处必须缩进，否则程序报错。
③ 译者注：原著此处有误，此处必须缩进，否则程序报错。
④ 译者注：原著此处有误，此处必须缩进，否则程序报错。
⑤ 译者注：原著此处有误，此处必须缩进，否则程序报错。
⑥ 译者注：原著此处有误，此处必须缩进，否则程序报错。
⑦ 译者注：原著此处有误，此处必须缩进，否则程序报错。

```
range(start, stop, step)
```

在默认情况下，start = 0，step = 1，数字序列包括 start，但不包括 stop[①]。

- while 循环：只要给定条件为真，就一直重复语句块。while 循环的语法格式如下：

```
while(condition):
    要重复执行的语句
```

- 以下三条语句用于控制循环结构。
  - break[②]：中断循环的执行并跳转到循环之后的下一条语句。
  - continue[③]：将控制返回到循环顶部，而不执行剩余的语句。

本章结论

  - pass[④]：什么都不做。

if...else 语句以及循环语句可以为程序设计增加很多灵活性，使用这些语句可以创建复杂的程序。通过这些语句可以使用复杂的逻辑编写代码解决问题，因此，有必要充分理解这些语句的实现方法。

本章习题

一、选择题

1. 当解释器遇到 if 语句时，它需要________条件。如果满足条件，则只执行下一条语句。

a. 数值　　b. 字符串　　c. 布尔　　d. 复数

2. 在默认情况下，print( ) 函数显示的输出将在行尾添加以下哪个不可见字符？（　　）

a. \ t　　b. \ n　　c. \ s　　d. \ r

3. 下列哪个选项会使“@”字符成为 print( ) 函数的行尾？（　　）

a. end = @　　b. sep = @

c. end = '@'　　d. sep = '@'

4. 循环语句的 else 代码块仅在循环未被 break 语句终止时执行。（　　）

a. 正确　　b. 错误

5. 以下代码片段的输出结果是什么？（　　）

---

① 译者注：原著此处有误，此处应该是 stop 而不是 step。

② 译者注：原著此处有误，Python 中大、小写意义不同，此处关键字必须小写。

③ 译者注：原著此处有误，Python 中大、小写意义不同，此处关键字必须小写。

④ 译者注：原著此处有误，Python 中大、小写意义不同，此处关键字必须小写。

```
for element in range(10):
    print(element, end = '-')
    if element == 5:
        break
```

a. 0 -1 -2 -3 -4 -b. 0 -1 -2 -3 -4

c. 0 -1 -2 -3 -4 -5 d. 0 -1 -2 -3 -4 -5 -

选择题参考答案

1. c　2. b　3. c　4. a　5. d

二、编程题

1. 编写程序，提示用户输入一个字符，并确定输入的字符是数字、字母、空格还是特殊字符。

参考答案：

```
string1 = input("Enter 1 character:")
if(string1.isalpha()):
    print("Alphabet")
elif(string1.isdigit()):
    print("Digit")
elif(string1.isspace()):
    print("Space'")
elif(string1 in'~!@#$%^&*()_-?/\|+='):
    print("Special characters")
else:
    print('INVALID INPUT')
```

输出结果如下所示。

```
Enter 1 character: L
Alphabet
Enter 1 character: 7
Digit
Enter 1 character:
Space''
Enter 1 character: )
Special characters
```

2. 编写程序，检查字符串是否是回文。

参考答案：

```
string1 = input("enter the string :")
string2 = string1[::-1]
if(string1 == string2):
    print("Palindrome")
else:
    print("No Palindrome")
```

输出结果如下所示。

```
enter the string : Malayalam
Palindrome
>>>
enter the string : fuyfy
No Palindrome
>>>
```

3. 以下代码片段的输出结果是什么？

```
x = 15
y = 80
if(x == 40)or (y == 40):
    print('you are in if block')
else:
    print('you are in else block')
```

参考答案：

```
you are in else block
>>>
```

4. 以下代码片段的输出结果是什么？

```
x = 5
y = 6
x = x + 6
y = x + y
if(x == y):
    print('x is equal to y')
else:
    print('x is not equal to y')
```

参考答案：

```
x is not equal to y
>>>
```

5. 以下代码片段的输出结果是什么？

```
min_balance = 4000
if(min_balance <10000):
    print('Your balance is less than 10000')
if(min_balance ==5000):
    print('Your minimum balance is 5000')
```

```
if(min_balance==4500):
    print('Your minimum balance is 4500')
elif(min_balance==5000):
    print('Your minimum balance is 5000')
elif(min_balance==6000):
    print('Your minimum balance is 6000')
else:
    print('Can\'t withdraw sorry')
```

参考答案（见图 8-9）：

```
Your balance is less than 10000
Can't withdraw sorry
>>>
```

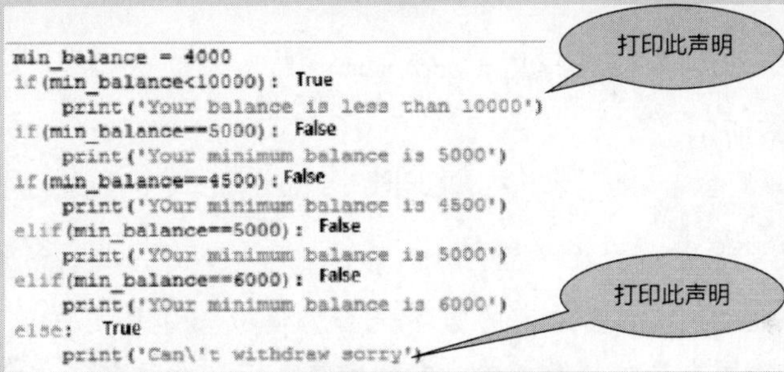

图 8-9　编程题 5 的代码及运行结果

6. 编写程序，将两个数字作为输入，如果两个数字相等，则显示 EQUAL（相等）；如果两个数字不相等，则显示 NOT EQUAL（不相等）。

参考答案：

```
num1 = int(input("Enter the first number :"))
num2 = int(input("Enter the second number :"))
if num1 == num2:
    print("EQUAL")
else:
    print("NOT EQUAL")
```

输出结果如下所示。

```
Enter the first number : 8
Enter the second number : 3
NOT EQUAL
Enter the first number : 9
Enter the second number : 9
EQUAL
```

7. 如何使用 if 语句检查一个整数是否为偶数。

参考答案：

```
x = int(input("enter number : "))
if x% 2 == 0:
    print("You have entered an even number")
```

输出结果如下所示。

```
enter number : 6
You have entered an even number
>>>
```

8. 如何使用 if 语句检查一个整数是否为奇数？

参考答案：

```
x① = int (input ("enter number : "))
if x% 2 != 0:
    print ("You have entered an odd number")
```

输出结果如下所示。

```
enter number : 11
You have entered an odd number
```

9. 使用 if...else 语句检查给定的数字是否为偶数。如果是偶数，则显示一条消息，说明给定数字为偶数；否则打印消息，说明给定数字为奇数。

参考答案：

请查看以下代码。

```
x = int(input("enter number : "))
if x% 2 == 0:
    print("You have entered an even number")
else:
    print("You have entered an odd number")
```

输出结果如下所示。

```
enter number : 11
You have entered an odd number
>>>
enter number : 4
You have entered an even number
>>>
```

① 译者注：原著此处有误，此处 x 应为小写。

10. 编写程序，提示用户输入括号中给出的任何一个罗马数字（i，ii，iii，iv），并显示相应的数字。程序对输入不区分大小写。

参考答案：

```
string1 = input("Enter the roman number between i to iv:")
if(string1.lower() == 'i'):
    print(1)
elif(string1.lower() == 'ii'):
    print(2)
elif(string1.lower() == 'iii'):
    print(3)
elif(string1.lower() == 'iv'):
    print(4)
else:
    print('INVALID INPUT')
```

输出结果如下所示。

```
Enter the roman number between i to iv: iii
3
>>>
Enter the roman number between i to iv: iv
4
>>>
Enter the roman number between i to iv: viii
INVALID INPUT
```

11. 编写程序，提示用户输入其出生日期，然后计算其年龄。

参考答案：

```
from datetime import date
def yourAge(bdate):
    t = date.today()
    years = t.year - bdate.year
    if(t.month < bdate.month):
        print("your age is : {}".format(years -1))
    else:
        print(bdate.month)
        print("your age is {}".format(years))
yr = int(input("Enter your year of birth :"))
mo = int(input("Enter your month of birth :"))
d = int(input("Enter your date of birth :"))
yourAge(date(yr,mo,d))
```

程序流程图如图 8－10 所示。

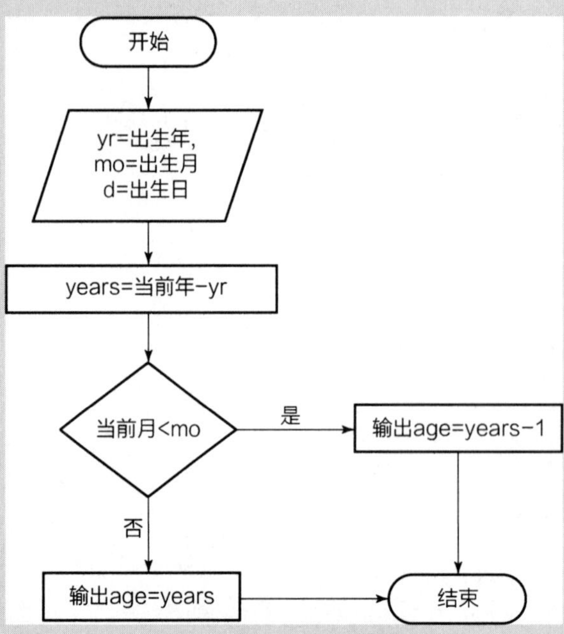

图 8－10　编程题 11 的程序流程图

输出结果如下所示。

```
Enter your year of birth : 1978
Enter your month of birth : 6
Enter your date of birth : 25
your age is : 41①
```

12. 以下代码片段的输出结果是什么？请说明理由。

```
i = j = 10
if i > j:
    print("i is greater than j")
elif i <= j:
    print("i is smaller than j")
else:
    print("both i and j are equal")
```

参考答案：以上代码片段的输出结果如下所示。

① 译者注：写作时间为 2019 年。

```
i is smaller than j
i is equal to j.[1]
```

第二个条件 elif i <= j[2] 的计算结果为 True，因此，显示在该代码块中打印的消息。

13. 如何使用一行代码实现以下代码片段？

```
i = j = 10
if i > j:
    print("i is greater than j")
elif i < j:
    print("i is smaller than j")
else:
    print("both i and j are equal")
```

参考答案：

```
print ("i is greater than j" if i > j else "i is smaller than j"
if i < j else "both i and j are equal")
```

14. 以下代码片段的输出结果是什么？

```
for number in range(1,11, 3):
    print('is roll number {} present? '.format(number))
```

参考答案：输出结果如下所示。

```
is roll number 1 present?
is roll number 4 present?
is roll number 7 present?
is roll number 10 present?
>>>
```

15. 编写程序，删除字符串中的标点符号。

参考答案：

```
punctuation_symbols = "! @ $% ^& * ( ) - - ;:/\|,'."
string1 = input("enter the string :")
for i in string1:
    if i in punctuation_symbols:
        string1 = string1.replace(i,"")
print(string1)
```

---

① 译者注：原书此处有误，根据程序流程和输出语句，根本没有这条输出语句，应该删除。

② 译者注：原书此处有误，应该是“elif i <= j”。

输出结果如下所示。

```
enter the string : ggy^&ioh0 -9
ggyioh09
>>>
```

16. 编写程序，实现对一个矩阵的转置。

参考答案：

```
matrix = [[1,2,0],[0,2,3],[6,3,4],[4,9,8]]
transpose = []
print("length of matrix = ",len(matrix))
for i in range(len(matrix)):
    temp_list = []
    for j in matrix:
        if(i <=(len(j) -1)):
            temp_list.append(j[i])
    if(len(temp_list)!= 0):
        transpose.append(temp_list)
print(transpose)
```

输出结果如下所示。

```
length of matrix = 4
[[1, 0, 6, 4], [2, 2, 3, 9], [0, 3, 4, 8]]
>>>
```

17. 编写程序，计算两个矩阵的和。

参考答案：

```
matrix1 = [[10,0],[ -4,5]]
matrix2 = [[ -6,3],[1, -7]]
print("matrix1 = ",matrix1)
print("matrix2 = ", matrix2)
matrix3 = []
for i in range(len(matrix1)):
    for j in range(len(matrix1[i])):
        temp_list = []
        temp_list.append(matrix1[i][j] +matrix2[i][j])
        matrix3.append(temp_list)
print(matrix3)
```

输出结果如下所示。

```
matrix1 = [[10, 0], [ -4, 5]]
matrix2 = [[ -6, 3], [1, -7]]
[[4], [3], [ -3], [ -2]]
```

18. 编写程序，接收一个字符串作为输入，然后判断该字符串中的每一个字符是否为字母（大写或者小写）、数字、空格或者特殊字符。

参考答案：

```
string1 = input("Enter a string : ")
for i in string1:
    if(i.isalpha()):
        if(i.isupper()):
            print("{} is a upper case letter".format(i))
        else:
            print("{} is a lower case letter".format(i))
    elif(i.isdigit()):
        print("{} is a digit".format(i))
    elif(i.isspace()):
        print("OOPS we have encountered a Space '{}'".format(i))
    elif(i in'~!@#$%^&*()_-?/\|+=:"\'.,:'):
        print("{} is a Special character".format(i))
    else:
        print('INVALID INPUT')
```

输出结果如下所示。

```
Enter a string : I Love Python 2 much :)!!
I is a upper case letter
OOPS we have encountered a Space ''
L is a upper case letter
o is a lower case letter
v is a lower case letter
e is a lower case letter
OOPS we have encountered a Space ''
P is a upper case letter
y is a lower case letter
t is a lower case letter
h is a lower case letter
o is a lower case letter
n is a lower case letter
OOPS we have encountered a Space ''
2 is a digit
OOPS we have encountered a Space ''
m is a lower case letter
u is a lower case letter
c is a lower case letter
h is a lower case letter
OOPS we have encountered a Space ''
: is a Special character
```

```
) is a Special character
! is a Special character
! is a Special character
```

19. 编写程序，接收一个字符串作为输入，并打印该字符串中包含的小写字母、大写字母、空格、数字和特殊字符的数量。

参考答案：

```
string1 = input("Enter a string :")
upper = "
lower = "
digit = "
space = "
sc = "
for i in string1:
    if(i.isalpha()):
        if(i.isupper()):
            upper + = i
        else:
            lower + = i
    elif(i.isdigit()):
        digit + = i
    elif(i.isspace()):
        space + = i
    elif(i in'~! @ #$% ^&*()_-? /\|+ =:"\'.,:'):
        sc + = i
else:
        print('INVALID INPUT')
print("{} is total number of upper case letters.".format(len(upper)))
print("{} is total number of lower case letters.".format(len(lower)))
print("{} is total number of digits.".format(len(digit)))
print("{} is total number of spaces.".format(len(space)))
print("{} is total number of special characters.".format(len(sc)))
```

输出结果如下所示。

```
Enter a string : i love python 2 too much ::))!!
0 is total number of upper case letters.
18 is total number of lower case letters.
1 is total number of digits.
6 is total number of spaces.
6 is total number of special characters.
>>>
```

20. 编写程序以显示以下图案模式。

```
********
*        *
*        *
*        *
*        *
********
```

参考答案：

```
for i in range(6):
    if(i ==0 or i ==5):
        print('* * * * * * * *')
    else:
        print('*                              *')
```

输出结果如下所示。

```
********
*        *
*        *
*        *
*        *
********
```

程序流程图如图 8－11 所示。

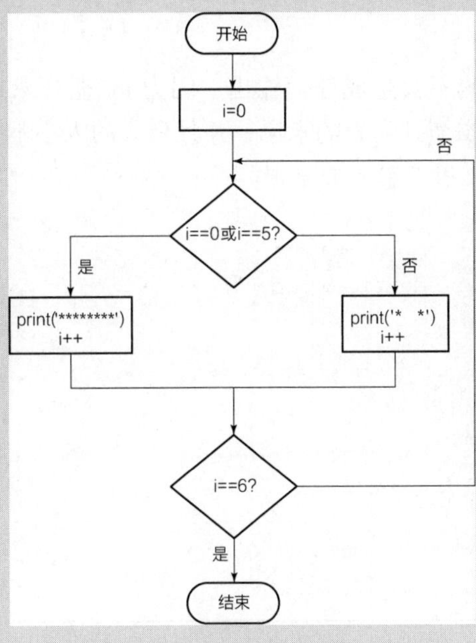

图 8－11　编程题 20 的程序流程图

21. 编写程序，计算 0~20 之间所有偶数的总和。

参考答案：

```
count = 0
for i in range(21):
    if(i% 2 ==0):
        count = count + i
print(count)
```

输出结果如下所示。

```
110
```

22. 以下代码片段的输出结果是什么？

```
animals =['Cat','dog']①
for i in range (len (animals)):
   animals [i] = animals [i] .upper ()
print (animals)
```

参考答案：['CAT','DOG']。

23. 以下代码片段的输出结果是什么？

```
numbers = [1,2,3,4]
for i in numbers:
    numbers.append(i + 1)
print(numbers)
```

参考答案：这段代码不会生成任何输出，因为 for 循环永远不会停止执行。在每次迭代中，一个元素被添加到列表的末尾，并且列表的大小不断增长。

24. 编写程序，拼写用户输入的单词。

参考答案：

```
word = input("Please enter a word :")
for i in word:
    print(i)
```

输出结果如下所示。

```
Please enter a word : Aeroplane
A
e
```

---

① 译者注：原书此处有误，遗漏了测试数据，译者已经做了适当的补充。

```
r
o
p
l
a
n
e
```

25. 以下代码片段的输出结果是什么?

```
i = 6
while True:
    if i% 4 == 0:
        break
    print(i)
    i - = 2
```

参考答案：6

26. 编写程序，打印以下图案模式。

```
*
**
***
****
```

参考答案：

```
for i in range(1,5):
    print("*"*i)
```

或者

```
count = 1
while count < 5:
     print('*'* count)
     count = count + 1
```

27. 编写程序，打印以下图案模式。

```
1
22
333
4444
```

参考答案：

```
count = 1
while count < 5:
    print(str(count) * count)
    count = count + 1
```

28. 编写程序，打印以下图案模式。

```
1
12
123
1234
```

参考答案：

```
count = 1
string1 =''
while count < 5:
    for i in range(1, count +1):
        string1 = string1 + str(i)
    count = count + 1
    print(string1)
    string1 =''
```

29. 编写程序，提示用户输入一个字母。如果用户输入除 x 以外的任何字母，请打印该字母的小写格式。如果用户输入的是字母表以外的任何其他内容，则打印警告信息，并再次提示用户输入字母。如果用户输入 x 或者 X，则输出 QUITTING（退出）并停止程序的执行。

参考答案：程序流程图如图 8－12 所示。

```
i = True
while(i == True):
    alphabet = input("Please enter an alphabet : ")
    if(alphabet.isalpha() and len(alphabet) ==1):
        if(alphabet.lower() == 'x'):
            print("QUITTING")
            i = False
    else:
        print("You have entered {}.".format(alphabet.lower()))
else:
    print("YOU JUST HAVE TO ENTER ONE SINGLE ALPHABET. TRY AGAIN")
```

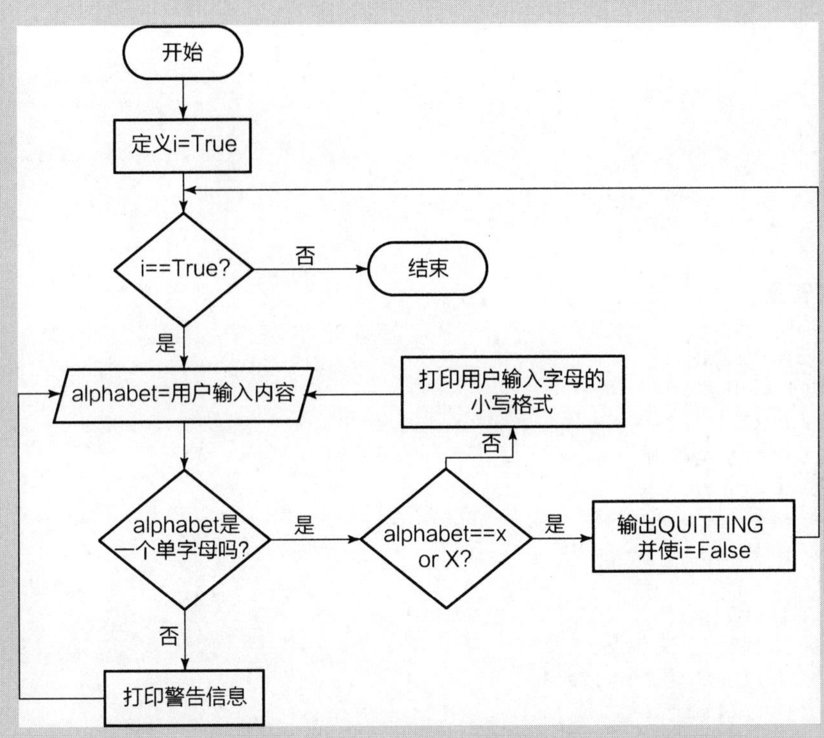

图 8-12　编程题 29 的程序流程图

输出结果如下所示。

```
Please enter an alphabet : a
You have entered a.
Please enter an alphabet : H
You have entered h.
Please enter an alphabet : gu
YOU JUST HAVE TO ENTER ONE SINGLE ALPHABET. TRY AGAIN
Please enter an alphabet : 90
YOU JUST HAVE TO ENTER ONE SINGLE ALPHABET. TRY AGAIN
Please enter an alphabet : $
YOU JUST HAVE TO ENTER ONE SINGLE ALPHABET. TRY AGAIN
Please enter an alphabet : u
You have entered u.
Please enter an alphabet : x
QUITTING
>>>
```

30. 编写程序，打印以下图案模式。

```
@ ++++
+ @  +
+ @  +
+ @  +
+ + + +@
```

参考答案：

```
for i in range(5):
   if(i ==0):
       str1 = '@ + + + +'
       print(str1)
   elif(i ==4):
       str1 = '+ + + +@ '
       print(str1)
   else:
       list1 = ['+','','','','+']
       list1[i] = '@'
       str1 = ''.join(list1)
       print(str1)
```

31. 以下代码片段的输出结果是什么？

```
a = 0
for i in range(5):
   a = a +1
   continue
print(a)
```

参考答案： 5。

32. 以下代码片段的输出结果是什么？

```
a = 50
while a < 100:
    a +=1
    if a% 10!=0:
        continue
    print(a)
```

参考答案：

```
60
70
80
90
100
>>>
```

33. 以下代码片段的输出结果是什么？

```
for item in ('a','b','c','d'):
    print (item)
    if item == 'c':
        break
    continue
    print ("challenge to reach here")
```

参考答案：

```
a
b
c①
```

34. 如何使用循环来遍历元组？

参考答案：可以使用 for 循环或者 while 循环遍历元组。

```
>>> for i in tuple1:
        print(i, end = '-')
1 -2 -3 -4 -5 -
>>> tuple1 = (1,2,3,4,5)
>>> for i in range(len(tuple1)):
        print(tuple1[i],end = '-')
1 -2 -3 -4 -5 -
>>> i =0
>>> while i < len(tuple1):
        print(tuple1[i],end = '-')
        i += 1
1 -2 -3 -4 -5 -
>>>
```

① 译者注：原著此处有误，遗漏了参考答案，译者已补充。

35. 以下代码片段的输出结果是什么？

```
rng = range(0,10,-3)
lst = list(rng)
print(lst)
```

参考答案：[]。

三、论述题

1. 下面代码片段中的 else 语句会执行吗？请解释从代码中删除 break 语句后将发生什么。

```
for element in range(10):
    print(element, end = '-')
    if element == 5:
       break
else:
    print('5 is not in range')
```

参考答案：因为 else 语句属于 for 循环，当遇到 break 语句时终止，所以 else 语句不会被执行。else 语句不属于 if 代码块。如果从代码中删除 break 语句，则输出结果如下所示。

```
0 -1 -2 -3 -4 -5 -6 -7 -8 -9 -5 is not in range
>>>
```

2. 请解释以下代码片段的输出结果。

```
a = 50
while a < 100:
    if a% 10!=0:
        continue
    a +=1
    print(a)
```

参考答案：该段代码将打印 51，然后进入无限循环，因为 a 的值在 continue 语句之后递增。continue 语句一次又一次地将控制跳转到循环的开头。

3. 请对如何使用循环迭代 Python 列表进行简短说明。

参考答案：for 循环和 while 循环用于迭代列表，具体如下。

（1）使用 for 循环：这是迭代列表的最常见方式。for 循环的语法格式如下：

```
for element in list_name:
     ……要执行的代码……
```

示例代码如下所示。

```
>>>language = ["English","French","Spanish","Hindi","Arabic"]
>>> for element in language:
        print(element)
```

输出结果如下所示。

```
English
French
Spanish
Hindi
Arabic
```

(2) 使用基于范围的 for 循环。

在该方法中，使用 len( ) 方法获取列表的长度。获得的长度用作 range( ) 函数的参数，该函数用于执行迭代。基于范围的 for 循环语法格式如下：

```
for element in range(len(list_name)):
      ……要执行的代码 ……
```

示例代码如下所示。

```
>>> language = ["English","French","Spanish","Hindi","Arabic"]
>>> length = len(language)
>>> for i in range(length):
        print(language[i])
```

输出结果如下所示。

```
English
French
Spanish
Hindi
Arabic
```

(3) 使用 while 循环。示例代码如下所示。

```
>>> language = ["English","French","Spanish","Hindi","Arabic"]
>>> length = len(language)
>>> i = 0
>>> while i < length:
        print(language[i])
        i += 1
```

输出结果如下所示。

```
English
French
Spanish
Hindi
Arabic
```

读书笔记

读书笔记